基于芴的发光材料的制备及光电性能

王世民 著

黄河水利出版社
·郑州·

内 容 提 要

本著作是作者近年来的研究成果,主要以几类新颖、高效的以芴为骨架结构的有机小分子发光材料为主题进行编写,对该方向的研究人员有一定参考价值。本著作主要介绍了几类新颖、高效的芴类发光材料,从材料的设计、合成、表征等出发,结合目前有机电致发光的研究的热点内容,进行小分子发光材料的开发研究,主要包括了前言、有机小分子主体材料、一价铜配合物等章节。

本书可做为有机电致发光材料研究方向的专业参考书,也可供相关工程技术人员或研究生参考使用。

图书在版编目(CIP)数据

基于芴的发光材料的制备及光电性能/王世民著. —郑
州:黄河水利出版社,2018.9
ISBN 978 – 7 – 5509 – 2160 – 3

Ⅰ.①基… Ⅱ.①王… Ⅲ.①芴 – 发光材料 – 研究
Ⅳ.①TB34

中国版本图书馆 CIP 数据核字(2018)第 224295 号

组稿编辑:陶金志   电话:0371 – 66025273   E-mail:838739632@qq.com

出 版 社:黄河水利出版社
　　　　地址:河南省郑州市顺河路黄委会综合楼14层　　　　邮政编码:450003
发行单位:黄河水利出版社
　　　　发行部电话:0371 – 66026940、66020550、66028024、66022620(传真)
　　　　E-mail:hhslcbs@ 126. com
承印单位:河南承创印务有限公司
开本:787 mm × 1 092 mm　1/16
印张:9.75
字数:170 千字　　　　　　　　　　　印数:1—1 000
版次:2018 年 9 月第 1 版　　　　　　印次:2018 年 9 月第 1 次印刷
定价:37.00 元

前 言

双极分子主体材料由于自身结构特征已成为电致磷光器件最有潜力的主体材料之一。本书采用氮杂芴作为骨架结构,设计合成了两系列具有优良双极传输性能的主体材料,并以这些主体材料为配体制备出了系列高效发光的一价铜配合物,考察了它们的光电性能。最后合成了两个系列高效的红色锐带发光的 3d-4f 双金属异核配合物,在系统研究了它们的发光性能的基础上,制备出了性能优良的红色锐带 OLED 器件。

(1)合成了两个系列以4,5-二氮杂芴为骨架结构的新型双极主体材料,通过核磁质谱和元素分析对它们的结构进行了确认,对其中六个化合物进行了单晶结构分析。通过电化学分析和量子化学模拟计算,得到了化合物 HOMO、LUMO 轨道能级和带隙。结果表明:该系列化合物表现出明显的双极传输性能,通过引入不同空穴传输基团来调控化合物的载流子传输能力和 HOMO 和 LUMO 的轨道能级,使主体材料与磷光客体材料能级更匹配。与传统的主体材料 CBP 相比,这些化合物有较 CBP 更高的三线态能级,和更为合适的 HOMO 和 LUMO 轨道能级。以绿色磷光配合物 Ir(ppy)$_3$ 为主体材料,通过制备有机电致发光器件考察了此类双极主体材料性能,结果表明:这两个系列的化合物是性能优良的双极主体材料。其中,化合物 DPAPAF、DCPAF 和 DCSBF 作为主体材料的器件性能最为优秀,亮度分别达到了 8 246.2 cd/m^2、1 899.1 cd/m^2 和 24 123.0 cd/m^2,电流效率分别为 22.62 cd/A、14.93 cd/A 和 40.83 cd/A。

(2)利用4,5'-二氮杂芴类化合物较强的配位能力,将这些双极性化合物作为配体与一价铜离子配位,结合含膦配体(PPh$_3$、PEP)以及卤素配体(Cl、Br、I),采用混配的方式制备了阳离子型和中性两个系列的一价铜配合物。通过元素分析,质谱对它们的结构进行了确认,并对其中 7 个配合物进行了单晶结构分析,结果表明:双齿氮杂配体和含膦配体与一价铜离子形成具有变形四面体构型的稳定的四配位阳离子;当有卤素离子参与配位时,卤素离子种类及反应条件对配合物的结构均有较大影响。对其光物理性能的系统研究表明:一价铜化合物发光属于 ^{3}MLCT 的磷光发射,发光强度与发光谱带位置与化合物的聚集状态关系很大,配合物在固体状态和 PMMA 膜中发光较好,溶液中则发生严重的发光淬灭。分子的刚性增加可以减小配合物激发态的构型扭曲程度,增强了发光效率,一价铜离子形成类似"Y"形状时,激发态变形程度最小,发光效率较高。用 PVK 中掺杂旋涂的方法考察了 5 种离子型配合物的电致发光性能,发现掺杂 Cu(DPAPAF)(PP)(BF₄) 和 Cu(DPASBF)(PEP)(BF₄) 的器件电致发光性能较好。其中以 Cu(DPASBF)(PEP) 为客体材料的器件最大亮度达到了 1 614.80 cd/m², 其最大电流效率为 6.11 cd/A, 相应功率效率为 1.37 lm/W。进一步说明了 DPAPAF 和 DPASBF 配体都有很好的双极传输性能。

(3)利用席夫碱锌配合物作为第二配体,TTA、TFA 作为第一配体,合成了两个系列的新型 3d-4f 异核双金属 Zn(II)-Eu(III) 配合物。通过元素分析对配合物结构进行了确认,并得到了化合物 Eu(TTA)₂(TFA)(ZnS₂) 晶体结构。对系列化合物发光性能研究表明:这两个系列的化合物都显示了 Eu³⁺ 离子的特征锐带发射,没有出现席夫碱锌配体的发射峰,说明了席夫碱锌配体对 Eu³⁺ 离子有较好的敏化作用。我们发现水杨醛系列配合物的发光量子效率明显比香草醛系列配合物的高,通过研究这些配合物的发光机制发现:配体到铕离子能量传递效率(Φ_η)的不同是造成这种差别的主要原因,香草醛席夫碱锌中性配体三线态能级较低以及可能存在的 LMCT 跃迁有可能造成能量回传,导致发光效率降低。以发光量子效率最高的配合物 Eu(TTA)₂(TFA)(ZnS₂) 为发光材料,制备了三层电致发光器件,该器件的最大亮度高达 1 982.5 cd/m², 最大电流效率为 9.9 cd/A, 相应的功率效率为 5.2 lm/W, 外量子效率为 5.3%, 是迄今报道的性能较好的红色锐带发光器件之一。

作 者

2018 年 6 月

目 录

第1章 绪 论

1.1 有机电致发光背景以及基本原理简介

有机电致发光(electro luminescence，EL)可以定义为有机电致发光材料由于电流和电场的作用而导致的电激发发光的现象。根据所使用有机发光材料的不同，人们有时将利用有机小分子为发光材料制成的器件称为有机电致发光器件，简称 OLED；而将利用高分子作为电致发光材料的器件称为高分子电致发光器件，简称 PLED。但通常将两者统称为有机电致发光器件，也简称为 OLED。

1.1.1 有机电致发光发展概况

研究有机电致发光始于 20 世纪 30 年代，1963 年，M. Pope 等研究人员第一次报道了单晶蒽的电致发光现象，但是由于其驱动电压过高没有引起重视。1982 年，Vincett 等利用真空热蒸发技术将蒽制成厚度约为 50 nm 的电致发光器件，此发光器件在 30 V 以下的电压作用下出现了电致发光现象。在此后的几年内，研究者对多种有机发光材料的电致发光现象进行了研究，但是这类研究得到的发光器件的性能不好，所以没有引起人们的关注。

有机电致发光研究突破性的进展发生在 20 世纪 80 年代中后期，1987 年，柯达公司的华裔科学家邓青云(C. W. Tang)利用真空蒸镀的方法制作了基于 8 - 羟基喹啉铝(Alq_3)的双层 OLED，实现了高亮度、高效率、低驱动电压的有机电致发光器件，这一突破性进展引起了各国科学家的广泛关注，从此拉开了有机电致发光蓬勃发展的序幕。1989 年，邓青云还研究了将染料有机分子 DCM1 和 DCM2 的掺杂在 Alq_3 中的电致发光现象，使有机电致发光器件能够改变发光的颜色，为制备彩色发光的有机电致发光器件提供了基础。

1990 年，英国剑桥大学卡文迪实验室的 R. H. Friend 等报道了高分子材料聚苯撑乙烯(PPV)的电致发光器件，由于聚苯撑乙烯在有机溶剂中的溶解度不好，这种器件的制备方法是先将聚苯撑乙烯(PPV)预聚体用旋涂的方法制成薄膜，然后在真空干燥的环境下将预聚体转化为 PPV 薄膜，这种聚合物电致发光现象开辟了有机电致发光的一个全新的领域——高分子电致发光

（PLED）。

1994年，J. Kido等利用稀土配合物作为发光材料制备了红色锐带发光的有机电致发光器件，器件结构为ITO/TPD/（Eu（DBM）$_3$（Phen）∶（PBD） = 1∶3/Alq$_3$/Mg∶Al，亮度达到了460 cd/m^2。由于红光的色纯度决定着发光显示器的色彩鲜艳程度，而这类基于稀土Eu^{3+}离子的发光器件红色发光色纯度高，所以这类稀土配合物发光材料成为目前电致发光材料的研究热点之一。

1997年，美国普林斯顿大学Forrest领导的研究小组发现磷光电致发光现象，理论上器件的内量子效率可以达到100%，极大地提高了器件效率。

有机电致发光及聚合物电致发光有各自的优缺点，一般认为小分子的蒸镀工艺可以实现精确的多层器件结构，调控载流子的注入与传输，减小漏电流及阴极淬灭的发生概率，从而提高器件的外量子效率。而聚合物电致发光器件制作简单、成本低，可通过分子合成来调节发光性能，以及有利于制备大面积、可挠曲的器件等。与有机小分子相比，聚合物的稳定性、可加工性等更好，且发光波长还可以通过分子结构进行调节。但是基于溶液处理工艺的PLED，由于层间的互溶，一般只适合制作单层器件，而不适合多层器件的制作。

OLED的应用前景非常广阔。例如，作为照明设备，它能制成任意形状的柔软光源，能够把家居用品如地板、墙壁、家具等变成发光设备，也可以用喷墨打印、丝网印刷等方法制备大面积发光器件。在工业仪表和数码显示等领域（见图1-1），它也显示了其多样化的器件制备技术的优势，例如MP3、MP4、GPS、PDA、录音笔、手机、数码相机、汽车音响、挂壁或者折叠式电视和电脑等的显示屏，并且OLED已经成为军工用品的采购热点产品。

全世界现在有几百家大的公司集团以及研发机构在进行OLED研发与生产，如通用电气、柯达、飞利浦、松下、三星等。仅在我国，就有40多家OLED相关的研发机构和企业，如清华大学、华南理工大学、北京大学、吉林大学、上海大学、香港城市大学、辽宁科技大学、长春光机所、北京化学所等高校、研究所，以及北京京东方、上海广电电子、中国普天集团、长春奕宝科技、杭州东方通信等企业。值得注意的是，清华大学技术入股的北京维信诺科技有限公司建成了中国大规模生产OLED的生产线，其公司的技术实力在全球居前几名。

目前，全球小尺寸OLED面板的年销售额已经超过10亿美元，而且增长速度极快。大尺寸面板的发展也很快。为了抢占全球市场，日本政府在2002年投资支持本国企业开发OLED，目标是在2007年把60 in（1 in = 2.54 cm）的OLED软屏商品化。从目前的趋势看，以中国、韩国、日本为主的东亚地区将超过英美两国，成为全球最大的OLED研发和制造中心。

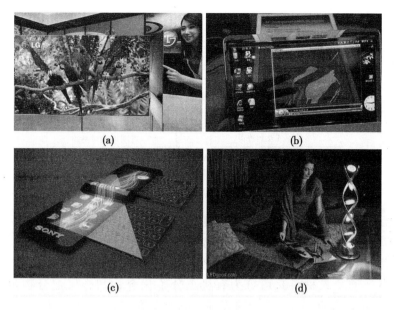

图 1-1　超薄、可弯曲、透明的 OLED 显示器以及装饰照明设备

　　目前,虽然一些实用或接近实用的 OLED 设备已经问世,OLED 的市场也在快速稳定地发展。但是,有机电致发光作为一种新技术,尚有大量的研究工作亟待开展,器件的性能需进一步提高,包括器件的发光亮度、色纯度、发光效率、发光寿命,以及工作温度范围,这些指数也是有机电致发光工作自开始以来一直的研究课题。

1.1.2　有机电致发光器件结构和常用材料

　　有机电致发光器件结构有单层、双层、三层,以及多层的器件结构,如图 1-2所示。有机电致发光器件可以根据所用材料的不同分为高分子器件和小分子器件,高分子器件的发光层是由旋涂高分子的溶液成膜来制备的,之后再在发光层上真空蒸镀电子传输/注入层以及阴极材料,而小分子器件是在真空中制备的。因为溶剂旋涂的方法的局限性,不适合制备多层结构器件,所以常见的多层结构器件一般都是小分子器件。当然,在实际应用中器件的结构有很多变化,可以根据所用材料的不同来选择不同的器件结构,从而得到最优的器件性能。

　　有机电致发光的常用材料可以分为发光材料、载流子传输材料(包括空穴传输材料和电子传输材料)和电极材料(包括阴极材料和阳极材料)。

　　发光材料对有机电致发光器件来说是最为重要的一个环节,它的性能直接

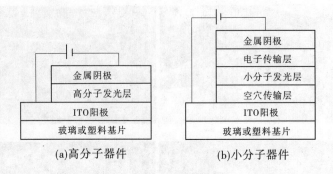

(a)高分子器件　　　　　(b)小分子器件

图1-2　OLED 结构示意图

影响器件性能,如器件的发光效率和亮度以及寿命。发光材料首先要有高的发光效率和良好的成膜性能,同时还要有较好的热稳定性和化学稳定性。根据分子量大小,发光材料可以分为两类:小分子有机化合物和高分子聚合物。

　　小分子发光材料又可分为有机小分子化合物和金属配合物两类,如图1-3所示。有机小分子化合物发光材料种类很多,一般都含有各种共轭的结构和生色基团,如二唑衍生物、芳胺衍生物、蒽衍生物和1,3-丁二烯衍生物等。目前比较常用的有机小分子发光材料有 ADN、TBSA、DCJTB 等。金属配合物由有机配体和金属离子螯合而成,集中了有机物与无机物的部分特点,如较高荧光量子效率和高稳定性等特点,是被广泛关注和研究的发光材料。常用的金属离子有主族元素如 Li、Al,稀土元素如 Tb、Eu,以及过渡金属元素如 Zn、Ir、Pt 等,如图1-3 所示。其中,磷光材料,如铱配合物,能够同时利用单重态和三重态发光使内量子效率达到 100% 而引起人们广泛关注。由于本书的研究范围和篇幅所限,高分子发光材料不再详述。

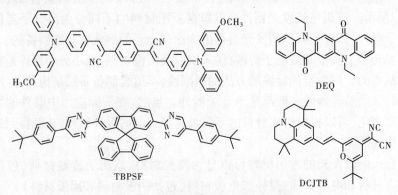

图1-3　常用的发光材料结构示意图

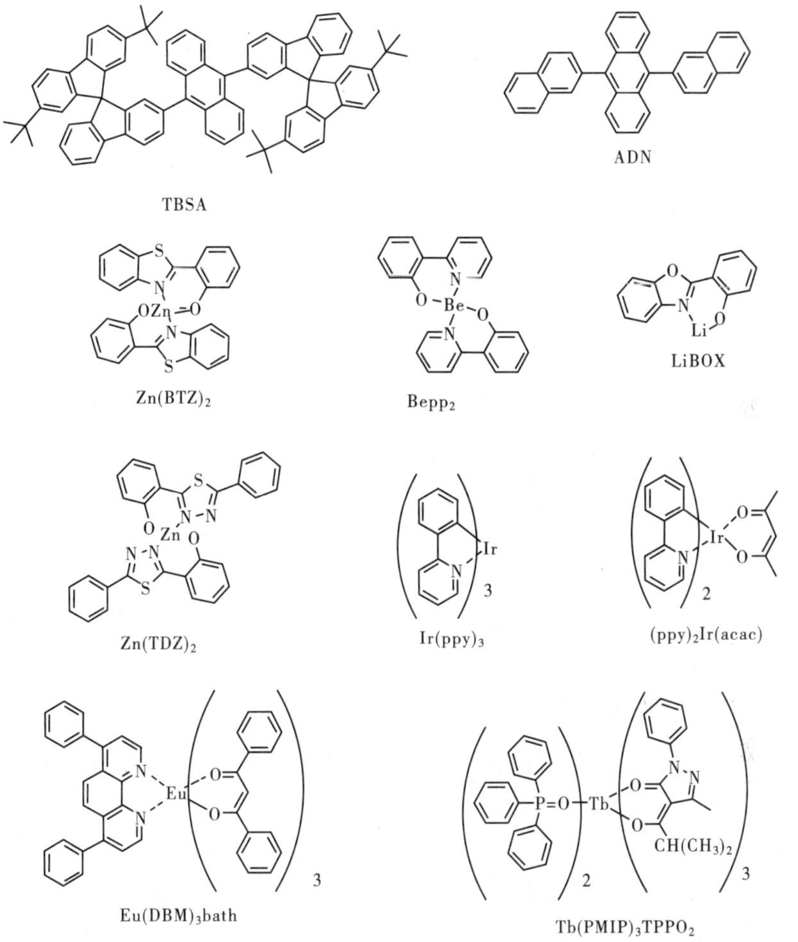

TBSA

ADN

Zn(BTZ)₂

Bepp₂

LiBOX

Zn(TDZ)₂

Ir(ppy)₃

(ppy)₂Ir(acac)

Eu(DBM)₃bath

Tb(PMIP)₃TPPO₂

续图 1-3

载流子传输材料又可分为空穴传输材料和电子传输材料。空穴传输材料均具有强的给电子特性,如常用的 TPD 和 NPB,如图 1-4 所示。电子传输材料一般具有接受电子的能力,如 Alq₃、TPBI、OXD – 7 等,如图 1-5 所示。

电极材料对于 OLED 的性能也有很大的影响,因为电极与有机层之间的能垒的大小是载流子的注入机制和注入效率的重要因素之一。对于阳极材料,一般选用功函数较高的氧化铟锡(ITO),而阴极材料则可以选用低功函数的金属,但是由于低功函数的金属容易氧化,所以常用的阴极一般为有缓冲层的 LiF/Al 或者合金阴极 Mg∶Ag。

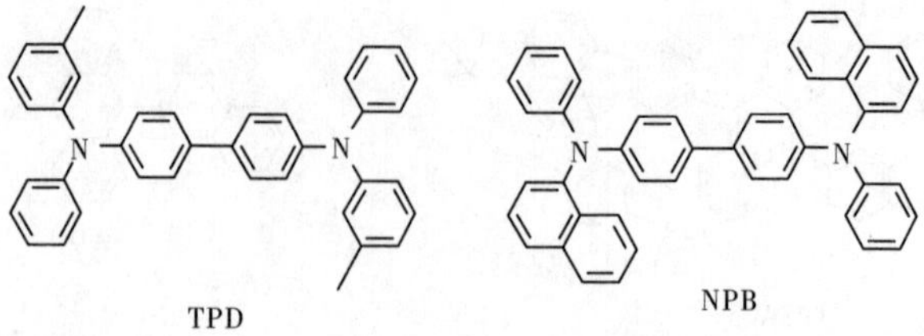

图 1-4　常用空穴传输材料结构示意图

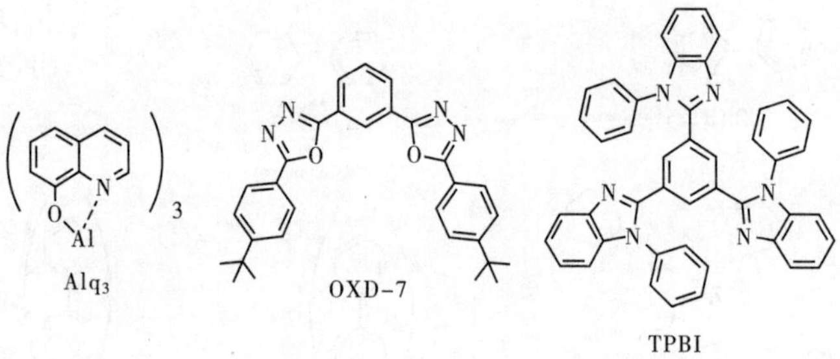

图 1-5　常用电子传输材料结构示意图

1.1.3　有机电致发光原理

有机电致发光器件属于注入型发光二极管,电子或空穴分别由阴极和阳极迁移到有机发光层中,形成带正电或负电的极化子。极化子在外电场作用下发生移动,和带相反电荷的极化子复合形成激子(polaron exciton),激子在发光层中激发发光材料发光,如图 1-6 所示。具体分为下面几个过程:

(1)载流子注入。载流子注入从机制研究上可大致分为热电子发射注入、隧穿注入和空间电荷限制注入三种机制。

(2)载流子传输。载流子传输层处于电极和发光层之间,在材料的选择上,既要求其有合适载流子传输性能,还要求能级可以匹配。载流子传输材料除要具有好的成膜性、优秀的载流子传输性能以及高的热稳定性外,还要求不会由于形成激基复合物影响器件发光性能,同时载流子传输材料的 HOMO 和 LUMO 能级要与电极材料以及发光层材料的 HOMO 和 LUMO 能级相匹配。

(3)激子的产生与迁移。激子是由于电场的作用使电子 – 空穴相遇而形成的。它和激发态发光分子的区别在于激子是可以运动的。由于激子不是固定在某个发光分子上,有一定的扩散长度,所以在制备有机电致发光器件时应该使发光层有合适的厚度,使器件不会由于激子的扩散而引起其他功能层的

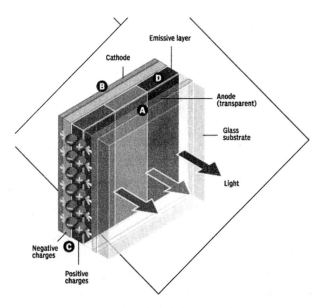

图 1-6　有机电致发光原理示意图

发光影响器件的发光纯度和器件的性能;激子的扩散长度与材料的载流子传输性能有较大的关系,如果组成发光层的材料具备双极传输能力,那么激子会平均分布在发光层,这样能够使发光材料充分利用激子发光,激子的扩散长度会比较短,能够提升器件性能。

(4)激子的辐射复合。光激发过程是直接产生单重态激子,电致发光过程则与之不同,电子和空穴分别由阴极和阳极注入,而不是成对电子注入,所以能够同时利用三重态和单重态激子。根据自旋统计理论,此过程中三重态激子数量是单重态激子数量的 3 倍。由于三重激发态到基态的跃迁是自旋禁阻的,所以大部分的发光材料不能有效利用三重态激子发光,但是当重金属原子存在的时候,由于重金属原子自旋轨道偶合效应破坏了自旋选律,使发光分子单重态和三重态混合,使三重态跃迁概率增加,为有机电致发光器件中的三重激发态的有效利用提供了可能,同时会大大提高器件的发光效率。

1.1.4　有机电致磷光简介

三线态磷光的发射是第一三重激发态(T_1*)到基态(S_0)的电子跃迁,一般来说,S_0 不能直接形成 T_1*,T_1* 的形成主要由单重激发态(S_1*)经系间窜越形成。但是,由于宇称选律的不同,$S_1* \rightarrow T_1*$ 系间窜越和 $T_1* \rightarrow S_0$ 辐射跃迁都是自旋禁阻的,所以对大多数有机分子来说,它们的三线态磷光发射是不容易被观察到的。但是有机分子与重金属离子键合后却会产出很强的三线态磷光发射,理论内量子效率可以达到100%。这样的现象是由于金属与配体之间强烈的相互作用,产生了重金属效应,破坏了宇称选律,把单线态和三线态混合到了一起,这个现象最终的结果是使得单线态到三线态的系间穿越的效率大大增加,同时使化合物的三线态磷光发射效率大大增加,最终观察到磷光发射。对于大多数金属有机化合物来说,它们的三线态磷光发射都是由于金属到配体电荷转移(MLCT)造成的,当然可能会混合如配体到配体的电荷跃迁(LLCT)或者卤素到配体的电荷跃迁(XLCT)等电子跃迁,当然三线态磷光发射主要还是由于具有三线态特征的 MLCT 电子跃迁造成的。磷光重金属配合物,一般为 d^6 和 d^8 族的金属离子,如 Pt(Ⅱ)、Os(Ⅱ)、Ir(Ⅲ)等。关于自旋—轨道耦合,在配合物中的诱因是重金属效应,并且自旋—轨道耦合的强度几乎和重金属的原子序数成正比。而且,激发态中金属的轨道成分越多,形成三线态的寿命也越短。如 Ir 配合物的寿命一般在 $1 \sim 14$ μs,比 Pt 配合物的寿命低得多,这对于磷光材料的分子设计具有指导意义。

磷光材料往往会由于浓度淬灭效应和三线态 – 三线态湮灭效应使磷光量子效率降低,所以制备电致磷光器件时,通常要采用主客体的器件结构,也就是将磷光材料作为客体掺杂于主体材料中,或用化学键将磷光分子与主体材料连在一起。CBP、聚乙烯基咔唑(PVK)类等材料都是常用的主体材料,这些主体材料一般具有如下性质:具有良好的载流子传输性能;三线态能级要大于客体三线态能级;主客体能级可以较好地匹配。目前常用的磷光材料主要为铱(Ir)、铂(Pt)、锇(Os)、铼(Re)等金属有机化合物,对于这些磷光材料应具有如下性质:具有高的系间窜越能力;具有高的磷光量子效率;具有较短的三线态寿命。

在有机电致发光器件中,对于掺杂的磷光体系,主要有两种能量传递方式,一种是基于共振转移的 Förster 能量传递,这样的能量传递方式要求主体材料的发射峰和客体材料的吸收峰要有较大的重叠,重叠部分越多,能量传递就越好,由于这样的能量传递方式是偶极子相互之间的作用,因此 Förster 能量传递能够在较远的距离发生,这种能量转移可以有两种方式:单线态与单线态的能量转移与三线态和单线态的能量转移。另外一种是基于交换转移的 Dexter 能量传递,这种能量转移只有在主体材料与客体材料的分子之间距离较近时才能发生,当分子之间的电子云重叠的时候激发态的分子才能够把能量传递到另外的分子上,这种能量转移只有一种方式,即三线态和三线态的能量转移,如图 1-7 所示。但是对于掺杂体系的有机电致发光器件来说,具体是哪种能量传递占主导的地位,还要根据实际情况来判断,有可能一种能量传递方式占优势,也有可能这两种能量传递方式都起着主导作用。

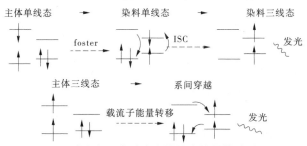

图 1-7 磷光有机电致发光器件中能量转移过程

对于主体材料–磷光发光材料的能量转移体系,可能存在的 Förster 能量转移机制和 Dexter 能量转移机制都分别要求主体材料相对于客体材料有较高的单重态激发态和较高的三重态激发态,如主体材料的三重态能级低于掺杂磷光材料的三重态能级,就会产生能量的回传,导致器件效率的降低。这一现象可以用图 1-8 表示。

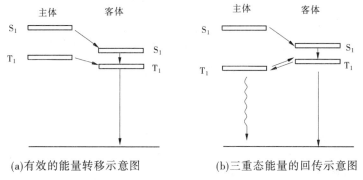

(a)有效的能量转移示意图　　　　　(b)三重态能量的回传示意图

图 1-8

因此,对于高效的磷光有机电致发光器件,不仅要重视高效的磷光材料的开发,其相应的主体材料开发和选择也是同样重要的。

1.2　主体材料概述

常用的主体材料大概可以分为空穴传输主体材料、电子传输主体材料、双极主体材料、惰性主体材料、荧光配合物主体材料和磷光配合物主体材料等。

下面我们将对一些主要的主体材料进行简单描述。

含有咔唑的主体材料通常具有较好的空穴传输能力以及较高的三线态能级,在磷光器件的研究中被广泛地用作主体材料,见图1-9。有咔唑取代基的CBP是磷光器件中最早使用的磷光主体材料,其三线态能级是 2.6 eV,可用于绿色和红色磷光材料掺杂。mCP 可以代替 CBP 作为蓝色磷光的主体材料,可使基于 FIrpic 的器件效率由6.16%增加至7.5%。三苯胺类空穴传输主体材料,如 TFTPA 和 TCTA 是很好的主体材料。TFTPA 作为主体材料,基于化合物 FIrpic 的蓝色、Ir(ppy)₃的绿色和(piq)₂Ir(acac)的红色器件的最大效率分别为 13.1% (29.4 cd/A)和 18.1 lm/W、12.0% (44.1 cd/A)和 21 lm/W、9.6% (10.2 cd/A)和 9 lm/W。

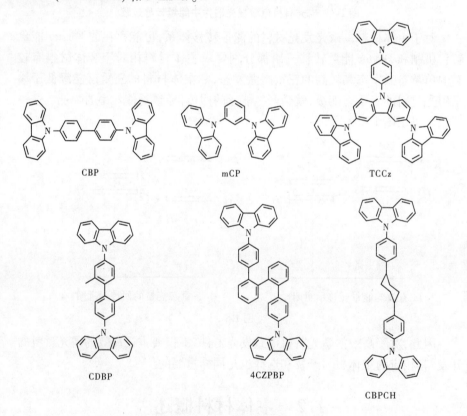

图1-9 具有空穴传输能力的主体材料

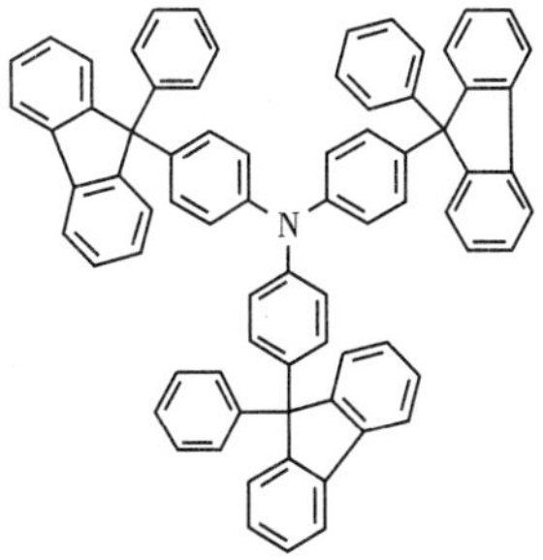

TFTPA

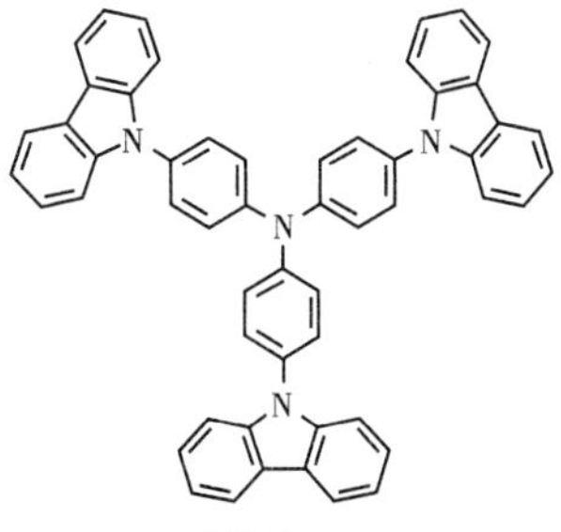

TCTA

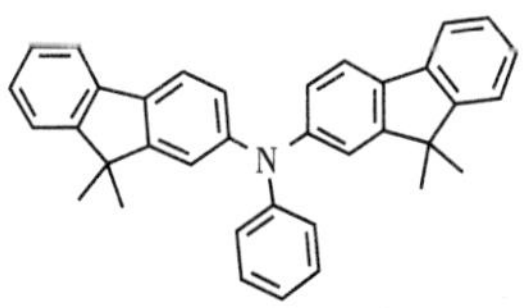

F2PA

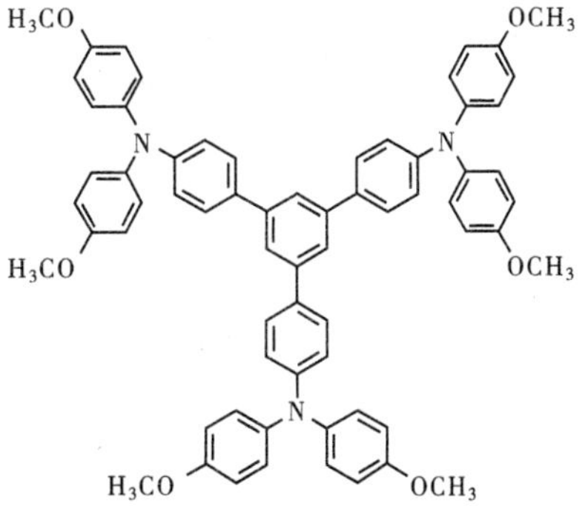

TDAPB

续图 1-9

具有电子传输主体材料如含有三唑基团的 TAZ1、含菲咯啉基团的 BCP、含二唑基团的 BOBP-3、含硅杂环戊二烯基团的 Si(bph)$_2$ 等曾被用作磷光的主体材料,如图 1-10 所示。基于 TAZ1 和 (ppy)$_2$Ir(acac) 的绿光器件,效率达到了 19.0% (65 lm/W)。噁二唑衍生物 BOBP-3 和 Ir(ppy)$_3$ 的器件效率为 24 cd/A (10 lm/W),并且器件的寿命比基于相应 CBP 器件寿命长。具有电子传输特性的有机氧磷材料 PO1 被证明有较高的三线态能级,可以作为蓝色磷光材料的主体材料。

惰性主体材料的 HOMO 能级非常低(6.3~7.2 eV),而载流子输运特性不好,这类材料用于磷光主体材料也有相关报道。如图 1-11 中的 UGH1、UGH3、UGH2、BSB 及 BST 是一些四苯基硅烷衍生物的惰性主体材料。

荧光配合物也可以用作磷光主体材料,如 Zn(BTP)$_2$、Be(bq)$_2$ 及

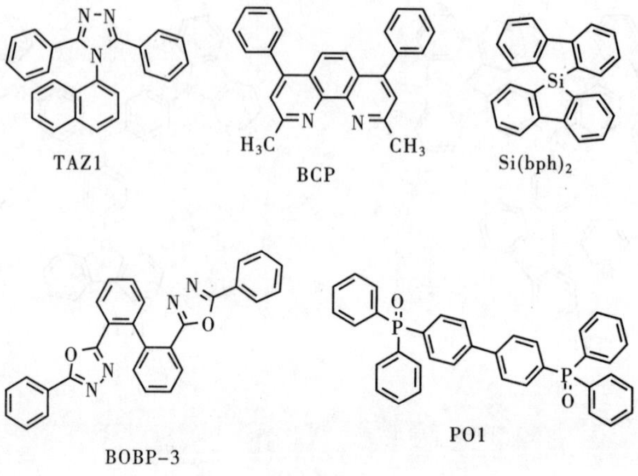

图 1-10　具有电子传输能力的主体材料

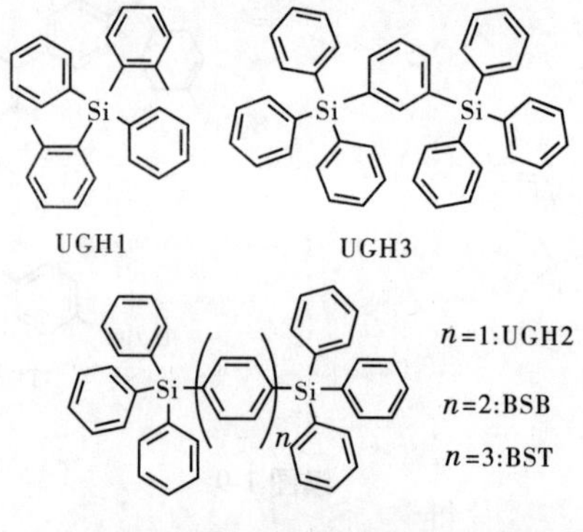

图 1-11　惰性主体材料

Be(pp)$_2$,如图 1-12 所示。使用荧光配合物作为主体材料的器件通常驱动电压较低,并且器件结构简单。

磷光配合物用作主体材料,磷光主体材料(见图 1-13)的研究较少,主要是因为磷光材料较昂贵。磷光材料作为主体材料有以下优点:①可以有高的掺杂浓度;②能隙要小于荧光材料,可以降低启动电压,提高器件性能。

双极性材料是近来研究最多的一种主体材料,与以上几种主体材料相比有非常明显的优势。与具有一种载流子传输性能的主体材料比较,基于双极性材料的电致发光器件不但使器件结构相对简单,还能够平衡载流子,载流子的平衡有助于激子分布均匀。载流子复合区域可以分布在整个发光区域内,能降低固定电流密度下激子浓度,因而可以减小高浓度激子的 T－T 淬灭概

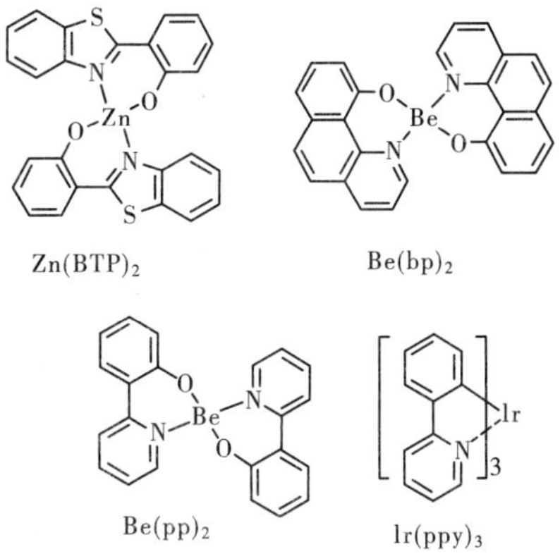

图 1-12　荧光配合物主体材料

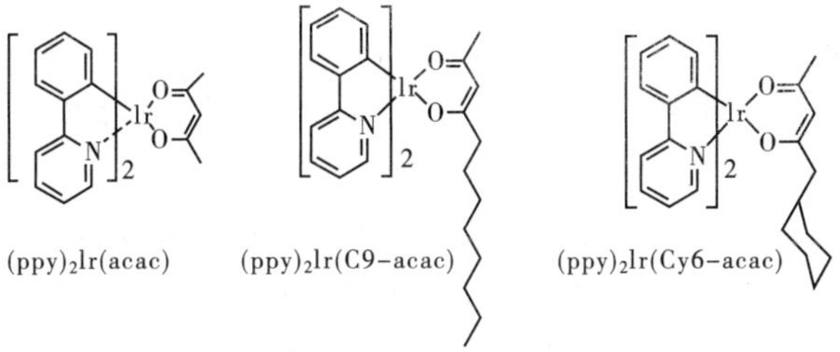

图 1-13　磷光主体材料

率,容易获得电流效率滑落较小的器件结构。

1.2.1　双极主体材料设计原则

　　双极主体材料虽然有诸多的优点,但是其设计和合成还是要面临一些挑战的。因为广为接受的双极材料的设计方法是将电子丰富的给体基团和电子缺乏的受体基团通过化学键结合,形成给体 - 受体型分子。但电荷在给体与受体之间的离域,通常使这类材料的能隙都较低,相应地,其三线态能级也低。这与磷光材料对主体材料较高三线态能级的需求相矛盾。所以,选择连接空穴传输基团和电子传输基团的基础构造(substructures)是至关重要的。一般的原则是采用有扭曲的共轭结构的底物来桥联载流子传输基团以减小给体和受体的电子之间相互作用,或者采用 sp^3 - c 或 Si 之类有饱和的中心的结构片段阻碍载流子传输基团与基础结构的作用来增加三线态能级。图 1-14 为设计双极主体材料的设计原则。

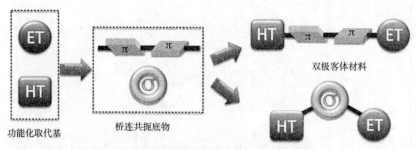

双极客体材料

功能化取代基　　桥连共扼底物

图 1-14　双极主体材料的设计原则示意图

1.2.2　双极主体材料分类

双极主体材料(见图 1-15)可以根据其功能基团的不同来分类,当然由于二苯胺、咔唑类取代基团有较好的空穴迁移率,是最为广泛使用的空穴传输基团,如最早被使用的磷光主体材料 CBP(4,4'-di(9H-carbazol-9-yl)biphenyl),它的三线态能级为 2.6 eV,它也是最早被报道的有双极传输性能的主体材料。

作为电子传输材料,1,3,4-噁二唑(1,3,4-Oxadiazole,OXD)的衍生物已经被商业化,如 OXD-7。但是要制备双极主体材料,根据之前所说的双极主体材料的设计原则,则需要将其与相应的空穴传输基团结合。2,5-bis(2-(9-H-carbazol-9-yl)phenyl)-1,3,4-oxadiazole(o-CzOXD)是一个很有前景的双极主体材料,该双极性材料含有两个给体咔唑基团和一个受体二唑基团。由于给体和受体之间的平面扭转,使电子在分子内给体与受体之间的离域受到限制,因此三线态能级较高(2.68 eV)。o-CzOXD 的热稳定性非常好,玻璃转换温度和分解温度分别为 97 ℃和 428 ℃。其相应的绿光(Ir(ppy)$_3$)器件外量子效率(EQE)高达 20.2%,而其基于(piq)$_2$Ir(acac)的深红色器件的外量子效率也高达 18.5%。

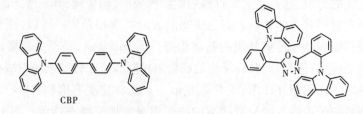

CBP

图 1-15　双极主体材料

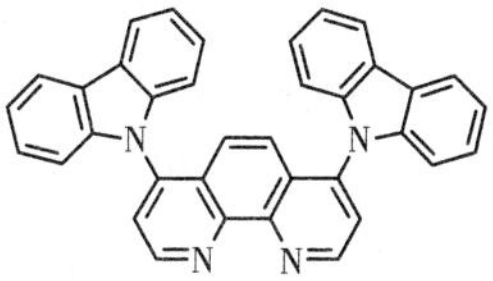

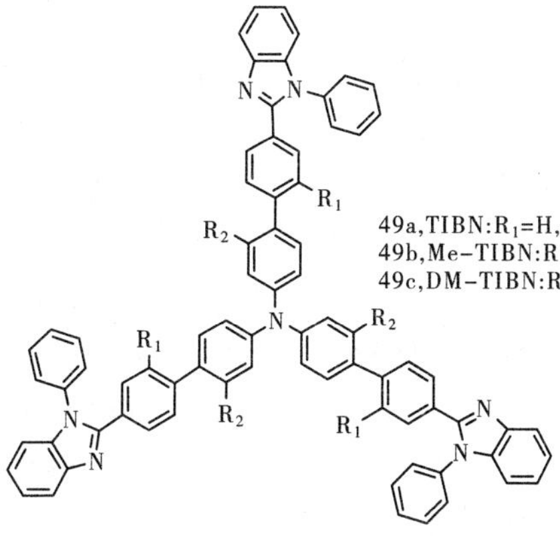

49a,TIBN:R_1=H,R_2=H
49b,Me-TIBN:R_1=Me,R_2=H
49c,DM-TIBN:R_1=Me,R_2=Me

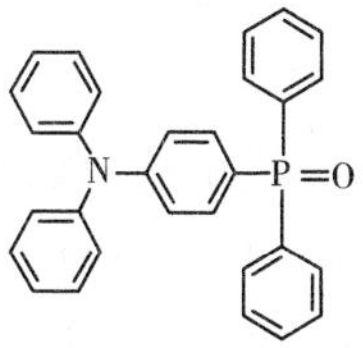

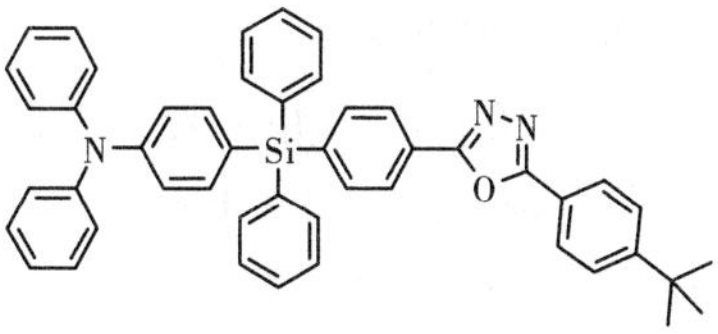

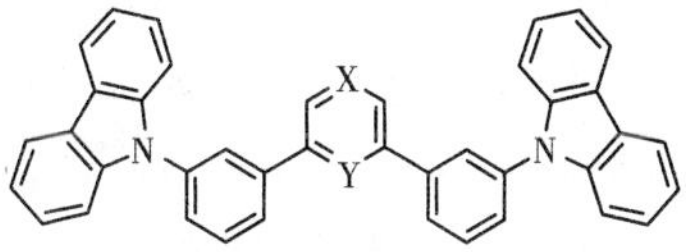

X=CH,Y=N

X=N,Y=CH

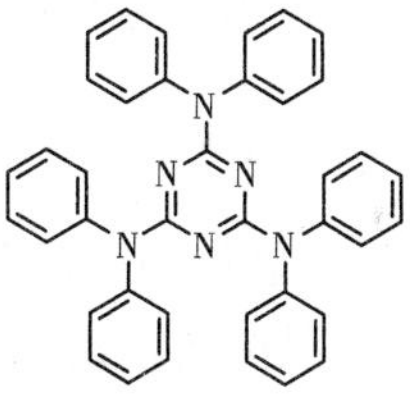

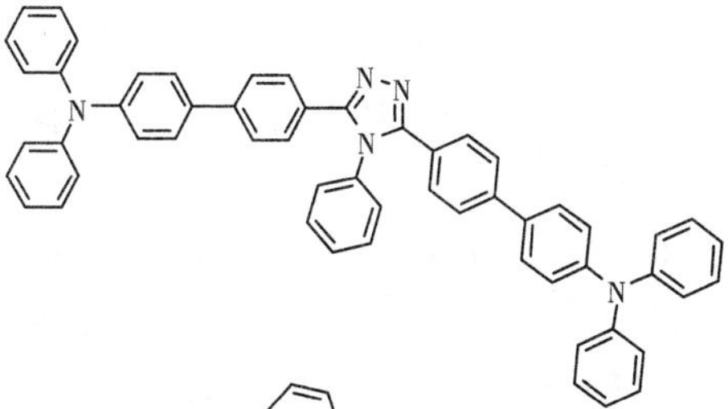

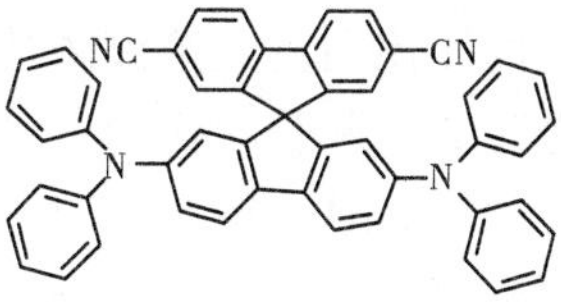

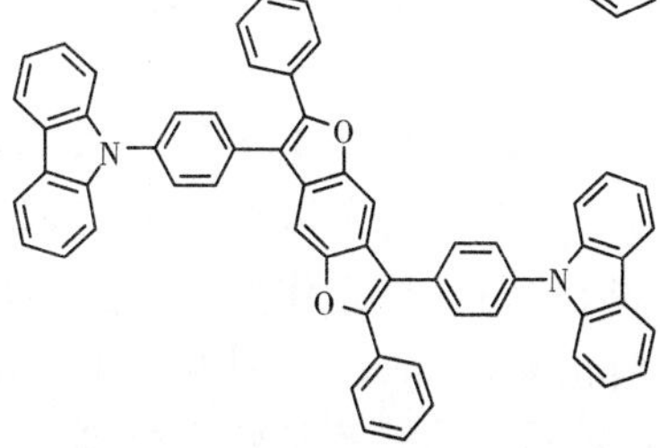

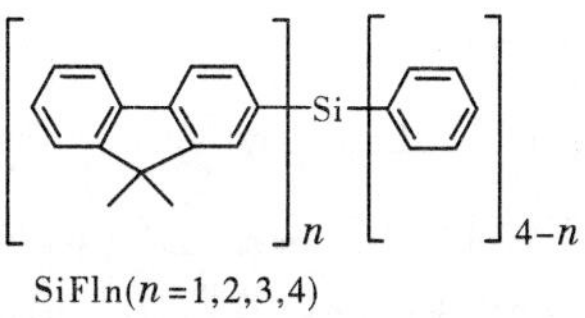

SiFln(n=1,2,3,4)

续图 1-15

1,10-菲咯啉衍生物因其缺电子和低的 HOMO 的特性是常用的一种电子传输和空穴阻挡材料,如众所周知的 BCP(2,9-dimethyl-4,7-diphenyl-1,10-phenanthroline)。当在 1,10-菲咯啉的 4,7 位置引入咔唑取代基的时候,得到双极性材料 BUPH1。由于咔唑是通过非共轭的 4,7-位 sp^3-N 原子与菲咯啉相连,阻碍了咔唑基团与菲咯啉基团的共轭,因而 BUPH1 材料能隙(3.1 eV)较大,三线态能级也比较合理(2.4 eV),可以有效地作为绿色和红色磷光材料的主体材料。同时由于咔唑的高热稳定性,BUPH1 热稳定性很好,材料玻璃转变温度和热分解温度都很高(T_g = 155 ℃、T_d = 449 ℃)。把此材料与绿色磷光客体 Ir(ppy)$_3$ 掺杂,得到启亮电压为 5.3 V 和亮度为 10 000 cd/m^2 的器件,在亮度为 100 cd/m^2 和 1 000 cd/m^2 时,器件的功率效率分别为 33 lm/W 和 20 lm/W。

将三苯胺作为核心以苯并咪唑作为取代基团可以得到一类星型的双极材料 tris(4′-(1-phenyl-1H-benzimidazol-2-yl)biphenyl-4-yl)amine(TIBN,),tris(2′-methyl-4′-(1-phenyl-1H-benzimidazol-2-yl)biphenyl-4-yl)amine(Me-TIBN,)和 tris(2,2′-dimethyl-4′-(1-phenyl-1H-benzimidazol-2-yl)biphenyl-4-yl)amine(DM-TIBN,)。这类材料有高的玻璃转变温度(T_g = 122~147 ℃)和热分解温度(T_d = 519~540 ℃)。同时由于中心苯环上取代的甲基和乙基形成的高度扭曲的结构,使得分子的 HOMO 和 LUMO 分别在空穴传输基团和电子传输基团上的定域,使材料具有较大的三线态能级 2.77 eV。这样的无定形结构使得此类材料可以用真空蒸镀(vacuum deposition)和旋涂(spin-coating)的两种方法来制备器件。用旋涂的方法用 Ir(ppy)$_3$ 作为客体分别用 Me-TIBN 和 DM-TIBN 作为主体材料得到的器件性能比用真空蒸镀的性能还要优秀。

当然也有如二苯胺取代的三苯基氧膦的双极材料 4-(diphenylphosphoryl)-N,N-diphenylaniline(HM-A1,),其三线态能级高达 2.84 eV。是非常适合蓝光材料 FIrpic(E_T = 2.65 eV)的主体材料,此蓝色磷光器件 EQE 达到了 17.1%。

最近又出现了用 Si 这种有饱和中心的结构片段来连接电子传输和空穴传输功能基团的双极主体材料 p-OXDSiTPA。这种双极主体材料中三苯胺和噁二唑基团的共轭结构被中心的硅原子切断,使得它可以作为多种颜色磷光材料的主体材料。其蓝色(FIrpic)、绿色((ppy)$_2$Ir(acac))、黄色((fbi)$_2$Ir(acac))、白色(FIrpic:(fbi)$_2$Ir(acac))电致磷光器件的外量子效率分别达到了 14.5%、19.7%、17.9% 和 18.3%。

将咔唑或二苯胺与电负性较高的芳香氮杂环基团如吡啶、三嗪、三氮唑结合，得到如26DCzPPy、35DCzPPy、TRZ1、p - TPA - p - PTAZ等几种双极主体材料。它们都是较为优良的双极主体材料。另外，还有如螺芴衍生物、苯并二呋喃衍生物，以及硅烷类衍生物等类型的双极主体材料。

1.3 金属有机电致磷光材料

在磷光配合物中，由于重金属原子的存在产生强烈的自旋轨道耦合，使禁阻的三线态跃迁成为可能，这使得重金属配合物能够同时利用三线态和单线态发光，内量子效率理论上可以达到100%，使得磷光重金属配合物在OLED中有很大的应用前景。磷光重金属配合物一般为d^6和d^8族的金属离子，如Pt(Ⅱ)、Os(Ⅱ)、Ir(Ⅲ)等。下面我们将这些磷光重金属配合物加以分类叙述。

1.3.1 贵金属磷光材料

贵金属由于在地壳中含量少，较为难得，所以造成其价格昂贵。贵金属磷光配合物大概包括钌配合物、铱配合物、锇配合物、金配合物、铼和铂配合物这几种配合物，其中铱配合物是研究最多的一种。

磷光铱配合物可以根据其结构分为两类，具有单一配体的配体铱配合物[Ir(C^N)₃]和有两个主配一个辅配的铱配合物[(C^N)₂Ir(LX)]。铱配合物的三线态发射一般源于中心金属离子和配体之间的电荷转移的三线态的辐射跃迁(^{3}MLCT)或者混合^{3}MLCT和三线态π电子的辐射跃迁(^{3}LC)。但是无论是什么样的跃迁，LUMO始终位于配体上，也就是说，通过改变配体的结构，就可以调节LUMO，最终可以调节磷光材料的发光颜色。

近年来，随着OLED产业化的深入，磷光材料和器件的研究已经取得了长足的进步，特别是磷光铱配合物材料的种类和数量得到了极大的丰富，电致磷光器件的效率也有了很大的提高。铱配合物材料发光颜色已经覆盖了整个可见光波段，使得制备全彩显示器件成为可能(红、绿、蓝为三基色)。常用的红、绿、蓝光磷光材料分别为[Btp₂Ir(acac)]，[Ir(ppy)₃]和[Flrpic]，如图1-16所示。

最早在OLED中成功应用并且得到高效电致发光性能的金属有机化合物是PtOEP，卟啉化合物本身有长寿命的激发三重态，而Pt原子参与配位可以降低磷光寿命，增强磷光效率。金属有机铂电致磷光材料目前也常见报道，如

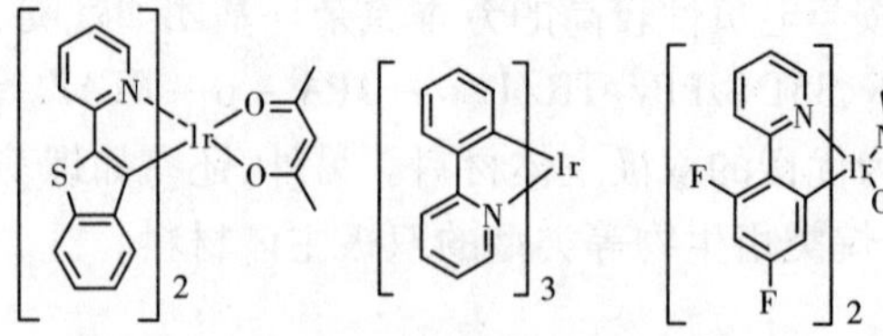

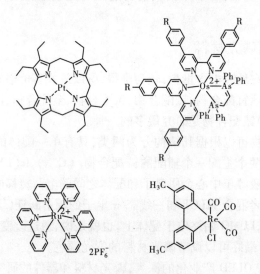

图 1-16　红绿蓝三种不同颜色的铱（Ⅲ）配合物

Thompson 等报道了一系列结构为〔（C^N）Pt（LX）〕的化合物，相对而言，铂配合物的磷光寿命比铱配合物要长，因而由以其为发光材料的器件容易造成三线态淬灭，因此量子效率通常比铱配合物要低，其他含 d^6 电子的重金属 Os、Ru 和 Re 的配合物（见图 1-17）以及 Au 的配合物也有报道，但器件效率普遍不高。

图 1-17　几种贵金属磷光配合物

1.3.2　廉价金属磷光材料

随着 OLED 的产业化的深入，成本问题是 OLED 的产业化亟待解决的一个问题，采用来源丰富的廉价金属将会对 OLED 的产业化产生非常积极的影响。而且采用环境友好、无毒的金属也对我们的地球家园的可持续发展有更为重要的意义。

1998 年，马於光等曾经报道了一种四核锌簇的电致发光材料

$Zn_4O(AID)_6$（AID = 7 - 氮杂吲哚），这种化合物既能从单线态发光，又能从三线态发光。

　　当然，作为用于 OLED 的廉价金属磷光配合物报道最多的还是一价铜的配合物。磷光一价铜的配合物可以有多种的配位模式，Cu（I）可以和 N、S、P、烯键、炔键以及卡宾等原子或者基团配位，同时可以生成单核、双核、多核的配合物，其中可以有双配位，三配位，或者四配位多种配位方式（见图 1-18）。Cu（I）配合物有多种电子跃迁方式，如配体到金属的电荷转移（ligand to metal charge transfer, LMCT）、金属到配体的电荷转移（metal to ligand charge transfer, MLCT）、配体到配体的电荷转移（ligand to ligand charge transfer, LLCT）、配体内部的电荷转移（Intraligand charge transfer, ILCT）等，这样得到的磷光配合物的发光范围可以涵盖整个可见光区（见图 1-18）。基于一价铜丰富的光学特性，它在有机 EL 器件、光学传感器、非线性光学材料（NLO）、染料敏化太阳能电池等领域表现出诱人的应用前景。D. McMllinin、PC. Ford、W - WYam、D. W. Thompson 和 N. Amraroli 等专家都对该领域做了大量且卓有成效的工作。

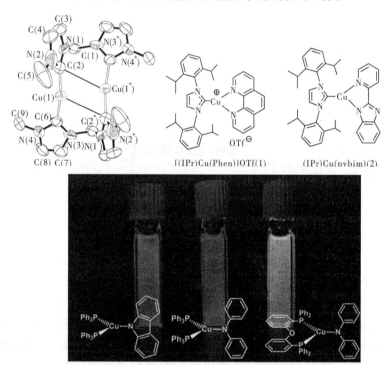

图 1-18　几种一价铜配合物

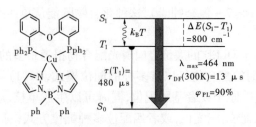

续图 1-18

用于 OLED 的一价铜磷光配合物始于 1999 年,马於光等报道了一个四核的一价铜化合物,并利用其制备了双层的器件,如图 1-19 所示,虽然该器件的起亮电压是 12 V,在 20 mA/cm^2 的电流密度下亮度仅为 50 cd/m^2,EL 效率为 0.1%,但是以此为起点,开创了将 Cu(Ⅰ)配合物磷光材料应用到显示领域的先河。

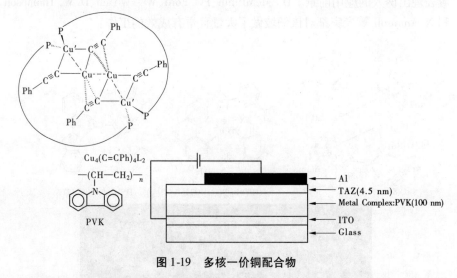

图 1-19　多核一价铜配合物

2004 年,中科院长春应化所的王利祥课题组报道了一系列以 [Cu(NN)(PP)]$^+$ 为结构基础的 Cu(Ⅰ)配合物磷光材料(见图 1-20),其中 [Cu(dnbp)(DPEphos)]BF_4 在 PMMA 膜中的效率高达 69%。这类一价铜配合物比传统的一价铜配合物效率要高出很多,一个主要的原因是其 NN 配体的 2,9 位引入了大位阻的烷基基团,这样的位阻基团可以防止激发态配合物构型的改变,减小非辐射跃迁从而增加配合物光量子效率。以 [Cu(dnbp)(DPEphos)]BF_4 为磷光材料制作的器件效率达到了 11 cd/A,在 28 V 时最大

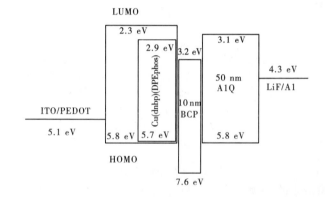

[Cu(phen)(PPh₃)2]BF₄,R=H(1a)

[Cu(dmp)(PPh₃)2]BF₄,R=CH₃(2a)

[Cu(dnbp)(PPh₃)2]BF₄,R=(CH₂)3CH₃(3a)

[Cu(phen)(DPEphos)]BF₄,R=H(1b)

[Cu(dmp)(DPEphos)]BF₄,R=CH₃(2b)

[Cu(dnbp)(DPEphos)]BF₄,R=(CH₂)3CH₃(3b)

图 1-20　一系列以[Cu(NN)(PP)]⁺为结构基础的 Cu(I)配合物及其相关器件

亮度为 1 663 cd/m²。随后,人们利用[Cu(NN)(PP)]⁺为结构基础制备了多种一价铜磷光配合物,在修饰或者改变 NN 配体的同时引入了载流子传输基团,使此类磷光材料的有机 EL 器件性能有很大改观。

　　以上的化合物都是离子型的化合物,这样的化合物是比较适合利用旋涂的方法来制备有机 EL 器件的。对于离子型的一价铜配合物,虽然也有采用真空蒸镀的方法来制作它的电致磷光器件的,但是因为离子型化合物的极性较大,容易与极性较小的主体材料产生相分离的现象,会对器件的效果造成不利的影响(当然最近出现的电化学发光池(LEC)是基于离子型化合物发光器件的,其发光原理跟有机电致发光是有区别的,因为本书主要是基于 OLED 的材料研究的,所以对此不做描述)。最近报道了几种中性一价铜配合物的磷光材料,它们都有相当不错的有机电致发光性能,这类化合物的出现将会对Cu(I)配合物磷光材料设计和合成产生重要的影响。

J. C. Deaton 等报道了一个量子效率为 57% 的中性双核铜化合物 [(Cu(PNP – 'Bu)]$_2$,这个化合物利用两个含大位阻的 PNP 一价阴离子三齿配体和两个一价铜形成中性双核铜化合物(见图 1-21)。这个化合物有比传统的 Ir(ppy)$_3$ 还要低的蒸镀温度,将其掺杂在 CBP 中制作的器件外量子效率高达 16.1% (47.5 cd/A),证明了 [(Cu(PNP – 'Bu)]$_2$ 是非常优秀的 Cu(I) 配合物磷光材料。

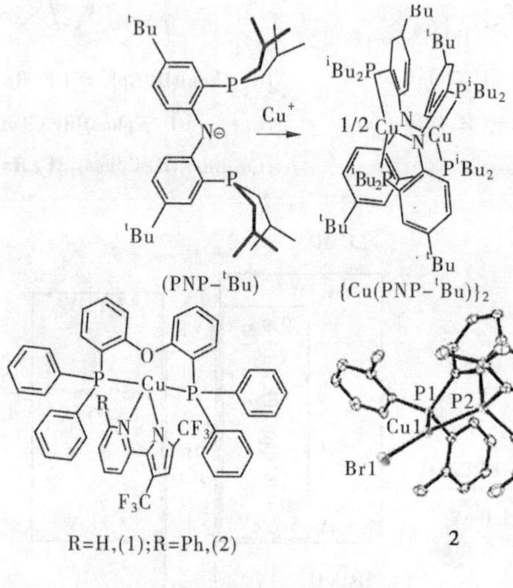

图 1-21　三种中性的 Cu⁻(I) 配合物

台湾清华的课题组将吡咯联吡啶的衍生物作为一价阴离子双齿 NN 配体,结合 POP 双膦配体,制备了一系列中性磷光一价铜配合物,其中配合物 Cu(POP)(fpyro) 的固体光量子效率和发光寿命分别为 34% 和 23.9 μs。将 Cu(POP)(fpyro) 掺杂在 mCP 中制备的四层器件,最大电流效率达到了 20.0 cd/A。

另外,还有一种三配位的一价铜配合物,此类化合物是利用有大位阻的双膦配体以及一个卤素和 Cu(I) 形成的结构简单的中性配合物 (dtpb) Cu^{I}X (X = Cl, Br, I; dtpb = 1,2 – bis(o – ditolylphosphino) benzene)。此类化合物有非常优秀的光致发光性质,在除气的 CH$_2$Cl$_2$ 中量子效率和发光寿命分别为 43%、47%、60% 和 4.9 μs、5.4 μs、6.5 μs,而将它们掺杂在 mCP 中量子效率和发光寿命分别为 68%、71%、57% 和 6.1 μs、5.5 μs、3.2 μs。经过计算得知(以化合物 (dtpb) Cu^{I}Br 为例),此化合物的激发态的构型无论是三线态和单线态,与基态构型相比,构型形变都很小,这说明了这样的构型可以减小类似四配位 Cu(I) 化合物激发态构型变化引起的非辐射跃迁,从而可以大大提高化合物的发光量子效率。基于化合物(dtpb)Cu^{I}Br 的 OLED 的最大效率在电流密度为 0.01 mA/cm^{2}达到了 65.3 cd/A(EQE = 21.3%)。这个结果在目前已知的基于一价铜配合物的电致发光器件中是最为优秀的,同时证明了此类铜(I)化合物是很有应用前景的电致磷光材料。

1.3.3 稀土配合物磷光材料

我国有非常丰富的稀土资源,储量为世界第一,种类也是最丰富的,积极开展对稀土资源的深加工利用,对我们由稀土资源大国向稀土资源强国的道路迈进有着非常重要的意义。对于大多数稀土离子来说,它们的 4f 轨道都有未充满的电子,由于外层有 5s、5p 轨道的电子,这些 4f 轨道上的电子受到外层电子的屏蔽作用,所以配位场效应对稀土离子的影响较小。由于重原子效应,激发单重态和激发三重态都可以传递能量给稀土离子使其发光,理论上来说,稀土配合物的内量子效率可以达到 100%。由于稀土离子主要是利用 4f 轨道的电子跃迁来发光,而屏蔽作用导致其发光受到配位场的影响较小,所以稀土配合物的发光为其特征的纯红色发光(612 nm),并且这样的锐带发光是全彩色显示终端的理想材料。

基于彩色显示器三基色(红绿蓝)的需求,发红光的 Eu^{3+}化合物、发绿光的 Tb^{3+}化合物是目前研究的热门。虽然稀土配合物有很高的发光效率,但是由它们制备的电致磷光器件往往有较低外量子效率。导致这一现象的主要原因是稀土配合物相对较差的载流子传输性能,使其器件载流子的注入和传输不平衡。为了克服这种缺点,一种方法是将稀土配合物掺杂在具有载流子传输性能的主体材料中,来改善其在载流子传输性能方面的不足。另一种方法是改善稀土配合物载流子传输性能,如对其配体进行合理的修饰,或者引入具有载流子传输性能的功能基团,来优化材料。

Jiafu Wang 等报道了配体含有噁二唑基团的铽化合物(见图 1-22),这是最早报道利用载流子传输基团来改善稀土配合物材料 EL 性能的文献。

北京大学的黄春辉小组在此方面做了比较系统的研究,取得了较大的进展。他们报道的迄今为至效果最好的 Tb(Ⅲ)配合物 Tb(eb - PMP)$_3$TPPO,器件发光亮度高达 12 000 cd/m^2,发光效率达 11.4 lm/W。他们通过调整 TPPO 的比例,平衡了载流子的传输,使复合区域限制在发光层,从而获得了较好的器件效果。他们还报道了铕配合物 Eu(DBM)$_3$(TPP),其最大亮度达到 1 305 cd/m^2,发光效率达 1.44 lm/W,是目前比较好的 Eu(Ⅲ)配合物发光器件(见图 1-22)。通过修饰配体来调节化合物的载流子传输性能,为进一步提高稀

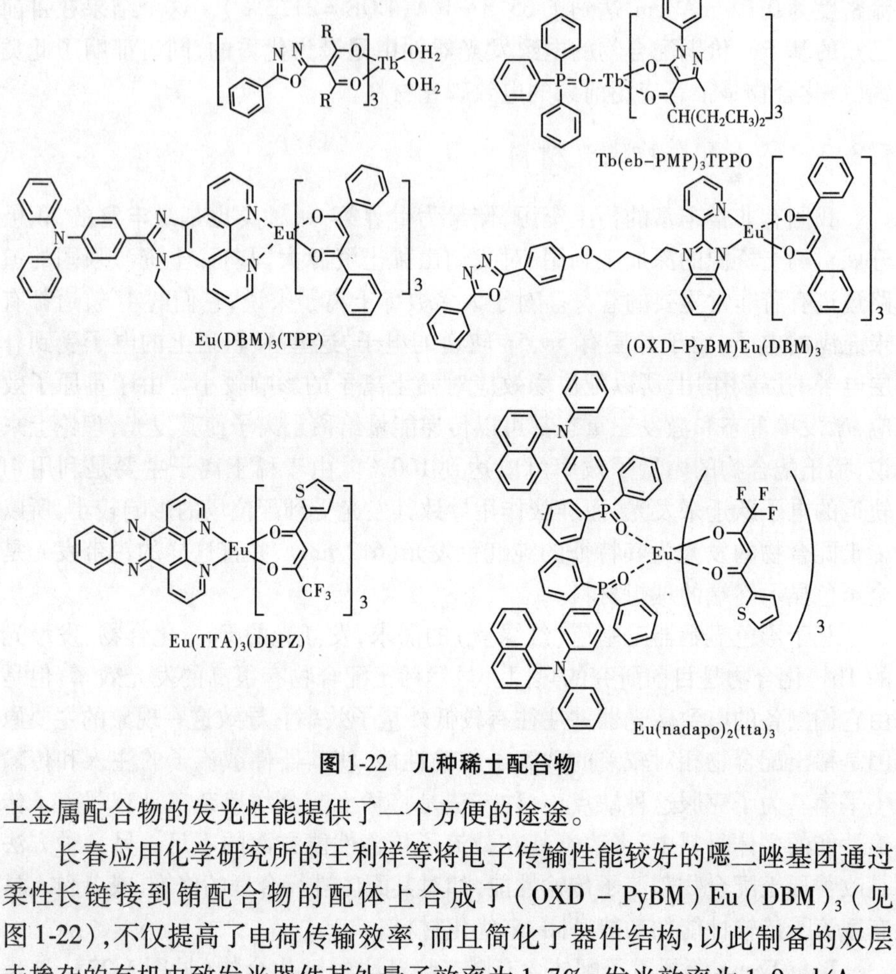

图 1-22　几种稀土配合物

土金属配合物的发光性能提供了一个方便的途途。

　　长春应用化学研究所的王利祥等将电子传输性能较好的噁二唑基团通过柔性长链接到铕配合物的配体上合成了（OXD－PyBM）Eu（DBM）$_3$（见图 1-22），不仅提高了电荷传输效率，而且简化了器件结构，以此制备的双层未掺杂的有机电致发光器件其外量子效率为 1.7%，发光效率为 1.9 cd/A。

　　台湾清华的 Pei－Pei Sun 等报道了一种非常优秀的有机电致磷光材料 Eu（TTA）3（DPPz），其器件不仅有很高的亮度（1 670 cd/m^2），而且其外量子效率达到了 2.1%，电流效率为 4.4 cd/A。

　　南京邮电大学的黄维课题组报道了一种以三苯基氧膦（TPPO）为中性配体的铕配合物 Eu（nadapo）$_2$（tta）$_3$，TPPO 衍生物的存在不仅提高了配合物的载流子传输性能，同时提高了配合物的热蒸镀性能。其器件亮度和效率分别达到了 1 158 cd/m^2 和 5.88 cd/A，而且此器件的色纯度非常好，即使在高电压下，也没用其他功能层的发光出现，说明了此化合物有很好的载流子传输性能。

1.4　本书的研究思路

被称为梦幻显示终端的 OLED 具有的色彩逼真、超薄、可卷曲、能耗小、大视角等优点使其有着巨大的市场潜力,引起了研究者的广泛关注并且取得了巨大的进展。在不断丰富的理论指导下,性能优秀的相关材料不断涌现,同时机制研究的不断深化和器件制备技术的不断完善,使 OLED 商品化具备了一定的条件。

当然对于发光器件,发光材料是必需的,而为了得到高效率的发光器件,磷光材料是候选之一,所以对磷光掺杂材料和相关主体材料的研究是 OLED 发展相当重要的一个环节。现在制约 OLED 发展的一个最大的瓶颈是成本问题,双极主体材料的使用使器件制备工艺简单化,从而达到降低成本的目的。而廉价的磷光材料不仅可以降低 OLED 的成本,更重要的是对于日益恶化的地球环境问题,使用绿色无污染的材料更会造福我们的子孙后代。本书正是基于磷光材料的重要地位及当前的研究现状选择了研究开发双极主体材料和高性能的廉价磷光材料。

本书有以下几个方面的研究内容:

(1)以咔唑或者苯胺类衍生物修饰的氮杂芴类化合物为双极主体材料,通过一个 $sp^3 - C$ 饱和中心来提高三线态能级,对这一系列氮杂芴类化合物双极材料的光物理性质、轨道能级结构以及热稳定性等几项重要指标做深入细致的研究,研究了它们的磷光器件光学和电学性能。

(2)以氮杂芴类化合物作为配体(包含以上主体材料),制备了三个系列的一价铜配合物,对这些化合物的结构、光物理性质、轨道能级结构做了研究,并研究部分一价铜配合物的磷光器件的光学和电学性能。

(3)研究了一系列铕配合物的结构、光物理性质、轨道能级结构,并研究了铕配合物的磷光器件的光学和电学性能。

参考文献

[1] Pope M, Kallmann H P, Magnante P. Electroluminescence in organic crystals[J]. The Journal of Chemical Physics, 1963, 38: 2042-2043.

[2] Chiang C, Fincher C, Park Y, et al. Electrical conductivity in doped polyacetylene[J].

Physical Review Letters, 1977, 39: 1098-1101.

[3] Vincett P S, Barlow W A, Hann R A, et al. Electrical conduction and low voltage blue e-lectroluminescence in vacuum-deposited organic films[J]. Thin Solid Films, 1982, 94: 171-183.

[4] Helfrich W, Schneider W G. Recombination radiation in anthracene crystals[J]. Phy Rev Lett, 1965, 14: 229-231.

[5] R. H P. Electroluminescence from polyvinylcarbazole films: 4. Electroluminescence using higher work function cathodes[J]. Polymer, 1983, 24: 755-762.

[6] Roberts G G, McGinnity M, Barlow W A, et al. Electroluminescence, photoluminescence and electroabsorption of a lightly substituted anthracene langmuir film[J]. Solid State Commun, 1979, 32: 683-686.

[7] Visco R E, Chandross E A. Electroluminescence in solutions of aromatic hydrocarbons[J]. J Am Chem Soc, 1964, 86: 5350-5351.

[8] Tang C W, VanSlyke S A. Organic electroluminescent diodes[J]. Appl Phy Lett, 1987, 51: 913-915.

[9] Tang C W, VanSlyke S A, Chen C H. Electroluminescence of doped organic thin films[J]. J Appl Phy, 1989, 65: 3610-3616.

[10] J. H. Burroughes D D C B, A. R. Brown,. Light-emitting diodes based on conjugated polymers[J]. Nature, 1990, 347: 539-541.

[11] Kido J, Hayase H, Hongawa K, et al. Bright red light-emitting organic electroluminescent devices having a europium complex as an emitter[J]. Appl Phy Lett, 1994, 65: 2124-2126.

[12] Baldo M A, O'Brien D F, You Y, et al. Highly efficient phosphorescent emission from organic electroluminescent devices[J]. Nature, 1998, 395: 151-154.

[13] 刘式墉, 赵毅, 李峰, 等. 有机电致发光研究与应用进展[J]. 物理, 2003, 32: 413-419.

[14] Adachi C, Tokito S, Tsutsui T, et al. Electroluminescence in organic films with three-layer structure[J]. Jpn J Appl Phys, 27: L269.

[15] Adachi C, Tokito S, Tsutsui T, et al. Organic electroluminescent device with a three-layer structure[J]. Jpn J Appl Phys, 27: L713.

[16] Murata H, Merritt C D, Inada H, et al. Molecular organic light-emitting diodes with temperature-independent quantum efficiency and improved thermal durability[J]. Appl Phy Lett, 1999, 75: 3252-3254.

[17] Kim Y, Lee J G, Kim S. Blue light-emitting device based on a unidentate organometallic complex containing lithium as an emission layer[J]. Adv Mater, 1999, 11: 1463-1466.

[18] Li Y, Liu Y, Bu W, et al. Hydroxyphenyl-pyridine beryllium complex (bepp2) as a blue

electroluminescent material[J]. Chem Mater, 2000, 12: 2672-2675.

[19] Gao X C, Cao H, Huang C, et al. Electroluminescence of a novel terbium complex[J]. Appl Phy Lett, 1998, 72: 2217-2219.

[20] Gao F G, Bard A J. Solid-state organic light-emitting diodes based on tris(2,2'-bipyridine)ruthenium(ii) complexes[J]. J Am Chem Soc, 2000, 122: 7426-7427.

[21] Stolka M, Yanus J F, Pai D M. Hole transport in solid solutions of a diamine in polycarbonate[J]. J Phy Chem, 1984, 88: 4707-4714.

[22] Slyke S A V, Chen C H, Tang C W. Organic electroluminescent devices with improved stability[J]. Appl Phy Lett, 1996, 69: 2160-2162.

[23] Adachi C, Tsutsui T, Saito S. Organic electroluminescent device having a hole conductor as an emitting layer[J]. Appl Phy Lett, 1989, 55: 1489-1491.

[24] So F, Krummacher B, Mathai M K, et al. Recent progress in solution processable organic light emitting devices[J]. J Appl Phy, 2007, 102: 091101.

[25] Jabbour G E, Kippelen B, Armstrong N R, et al. Aluminum based cathode structure for enhanced electron injection in electroluminescent organic devices[J]. Appl Phy Lett, 1998, 73: 1185-1187.

[26] Parker I D. Carrier tunneling and device characteristics in polymer light-emitting diodes [J]. J Appl Phy, 1994, 75: 1656-1666.

[27] Burrows P E, Forrest S R. Electroluminescence from trap-limited current transport in vacuum deposited organic light emitting devices[J]. Appl Phy Lett, 1994, 64: 2285-2287.

[28] Burrows P E, Shen Z, Bulovic V, et al. Relationship between electroluminescence and current transport in organic heterojunction light-emitting devices[J]. J Appl Phy, 1996, 79: 7991-8006.

[29] 张小伟, 杨楚罗, 秦金贵. 金属有机电致磷光材料研究进展[J]. 有机化学, 2005, 25: 873-880.

[30] 吴世康, 张晓宏, 李述汤. 磷光电致发光器件研究中的若干问题[J]. 化学进展, 2001, 13: 413-419.

[31] 王传明, 范曲立, 霍岩丽, 等. 有机电致磷光材料的分子设计:从主体材料到客体材料[J]. 化学进展, 2006, 18: 519-525.

[32] Mi B X, Wang P F, Gao Z Q, et al. Strong luminescent iridium complexes with cn = n structure in ligands and their potential in efficient and thermally stable phosphorescent oleds[J]. Adv Mater, 2009, 21: 339-343.

[33] Ho C L, Wong W Y, Gao Z Q, et al. Red-light-emitting iridium complexes with hole-transporting 9-arylcarbazole moieties for electrophosphorescence efficiency/color purity trade-off optimization[J]. Adv Func Mater, 2008, 18: 319-331.

[34] Holmes R J, Forrest S R, Tung Y-J, et al. Blue organic electrophosphorescence using ex-

othermic hostguest energy transfer[J]. Appl Phy Lett, 2003, 82: 2422-2424.

[35] Shih P I, Chien C H, Wu F I, et al. A novel fluorene-triphenylamine hybrid that is a highly efficient host material for blue-, green-, and red-light-emitting electrophosphorescent devices[J]. Adv Func Mater, 2007, 17: 3514-3520.

[36] Adachi C, Baldo M A, Thompson M E, et al. Nearly 100% internal phosphorescence efficiency in an organic light-emitting device[J]. J Appl Phy, 2001, 90: 5048-5051.

[37] Lee J-H, Tsai H-H, Leung M-K, et al. Phosphorescent organic light-emitting device with an ambipolar oxadiazole host[J]. Appl Phy Lett, 2007, 90: 243501.

[38] Burrows P E, Padmaperuma A B, Sapochak L S, et al. Ultraviolet electroluminescence and blue-green phosphorescence using an organic diphosphine oxide charge transporting layer[J]. Appl Phy Lett, 2006, 88: 183503.

[39] Ren X, Li J, Holmes R J, et al. Ultrahigh energy gap hosts in deep blue organic electrophosphorescent devices[J]. Chem Mater, 2004, 16: 4743-4747.

[40] Kanno H, Ishikawa K, Nishio Y, et al. Highly efficient and stable red phosphorescent organic light-emitting device using bis[2-(2-benzothiazoyl)phenolato]zinc(ii) as host material[J]. Appl Phy Lett, 2007, 90: 123509.

[41] Jeon W S, Park T J, Kim S Y, et al. Ideal host and guest system in phosphorescent oleds [J]. Org Electron, 2009, 10: 240-246.

[42] Park T J, Jeon W S, Park J J, et al. Efficient simple structure red phosphorescent organic light emitting devices with narrow band-gap fluorescent host[J]. Appl Phy Lett, 2008, 92: 113308.

[43] Tsuzuki T, Tokito S. Highly efficient and low-voltage phosphorescent organic light-emitting diodes using an iridium complex as the host material[J]. Adv Mater, 2007, 19: 276-280.

[44] Tsuzuki T, Tokito S. Highly efficient phosphorescent organic light-emitting diodes using alkyl-substituted iridium complexes as a solution-processible host material[J]. Appl Phy Expr, 2008, 1: 021805-021808.

[45] Makinen A J, Hill I G, Kafafi Z H. Vacuum level alignment in organic guest-host systems [J]. J Appl Phy, 2002, 92: 1598-1603.

[46] Baldo M A, Lamansky S, Burrows P E, et al. Very high-efficiency green organic light-emitting devices based on electrophosphorescence[J]. Appl Phy Lett, 1999, 75: 4-6.

[47] Tao Y, Wang Q, Yang C, et al. A simple carbazole/oxadiazole hybrid molecule: An excellent bipolar host for green and red phosphorescent oleds[J]. Angew Chem Int Ed, 2008, 47: 8104-8107.

[48] Gao Z Q, Luo M, Sun X H, et al. New host containing bipolar carrier transport moiety for high-efficiency electrophosphorescence at low voltages[J]. Adv Mater, 2009, 21: 688-

692.

[49] Ge Z, Hayakawa T, Ando S, et al. Spin-coated highly efficient phosphorescent organic light-emitting diodes based on bipolar triphenylamine-benzimidazole derivatives[J]. Adv Func Mater, 2008, 18: 584-590.

[50] Polikarpov E, Swensen J S, Chopra N, et al. An ambipolar phosphine oxide-based host for high power efficiency blue phosphorescent organic light emitting devices[J]. Appl Phy Lett, 2009, 94: 223304.

[51] Gong S, Chen Y, Luo J, et al. Bipolar tetraarylsilanes as universal hosts for blue, green, orange, and white electrophosphorescence with high efficiency and low efficiency roll-off [J]. Adv Func Mater, 2011, 21: 1168-1178.

[52] Gong S, Chen Y, Yang C, et al. De novo design of silicon-bridged molecule towards a bipolar host: All-phosphor white organic light-emitting devices exhibiting high efficiency and low efficiency roll-off[J]. Adv Mater, 2010, 22: 5370-5373.

[53] Su S-J, Sasabe H, Takeda T, et al. Pyridine-containing bipolar host materials for highly efficient blue phosphorescent oleds[J]. Chem Mater, 2008, 20: 1691- 693.

[54] Inomata H, Goushi K, Masuko T, et al. High-efficiency organic electrophosphorescent diodes using 1,3,5-triazine electron transport materials[J]. Chem Mater, 2004, 16: 1285-1291.

[55] Tao Y, Wang Q, Ao L, et al. Highly efficient phosphorescent organic light-emitting diodes hosted by 1,2,4-triazole-cored triphenylamine derivatives: Relationship between structure and optoelectronic properties[J]. J Phy Chem C, 2009, 114: 601-609.

[56] Hung W-Y, Tsai T-C, Ku S-Y, et al. An ambipolar host material provides highly efficient saturated red pholeds possessing simple device structures[J]. Phys Chem Chem Phys, 2008, 10: 5822-5825.

[57] Hung W-Y, Wang T-C, Chiu H-C, et al. A spiro-configured ambipolar host material for impressively efficient single-layer green electrophosphorescent devices[J]. Phys Chem Chem Phys, 2010, 12: 10685-10687.

[58] Lin C-J, Huang H-L, Tseng M-R, et al. High energy gap oled host materials for green and blue pholed materials[J]. J Display Technol, 2009, 5: 236-240.

[59] Chi L-C, Hung W-Y, Chiu H-C, et al. A high-efficiency and low-operating-voltage green electrophosphorescent device employing a pure-hydrocarbon host material[J]. Chem Commu, 2009, 3892-3894.

[60] Tsuji H, Mitsui C, Sato Y, et al. Bis(carbazolyl)benzodifuran: A high-mobility ambipolar material for homojunction organic light-emitting diode devices[J]. Adv Mater, 2009, 21: 3776-3779.

[61] Wei W, Djurovich P I, Thompson M E. Properties of fluorenyl silanes in organic light e-

mitting diodes[J]. Chem Mater, 2010, 22: 1724-1731.

[62] Grushin V V, Herron N, LeCloux D D, et al. New, efficient electroluminescent materials based on organometallic ir complexes[J]. Chem Commu, 2001: 1494-1495.

[63] Tsuboyama A, Iwawaki H, Furugori M, et al. Homoleptic cyclometalated iridium complexes with highly efficient red phosphorescence and application to organic light-emitting diode [J]. J Am Chem Soc, 2003, 125: 12971-12979.

[64] Tamayo A B, Alleyne B D, Djurovich P I, et al. Synthesis and characterization of facial and meridional tris-cyclometalated iridium(iii) complexes[J]. J Am Chem Soc, 2003, 125: 7377-7387.

[65] Sajoto T, Djurovich P I, Tamayo A, et al. Blue and near-uv phosphorescence from iridium complexes with cyclometalated pyrazolyl or n-heterocyclic carbene ligands [J]. Inorg Chem, 2005, 44: 7992-8003.

[66] Makinen A J, Hill I G, Kafafi Z H. Vacuum level alignment in organic guest-host systems [J]. J Appl Phy, 2002, 92: 1598-1603.

[67] Kawamura Y, Goushi K, Brooks J, et al. 100% phosphorescence quantum efficiency of ir (iii) complexes in organic semiconductor films[J]. Appl Phy Lett, 2005, 86: 071104.

[68] Tsuboi T, Aljaroudi N. Relaxation processes in the triplet state t1 of organic ir-compound btp2ir(acac) doped in pc and cbp fluorescent materials[J]. J Lumin, 2006, 119-120: 127-131.

[69] Baldo M A, Lamansky S, Burrows P E, et al. Very high-efficiency green organic light-emitting devices based on electrophosphorescence[J]. Appl Phy Lett, 1999, 75: 4-6.

[70] Adachi C, Baldo M A, Forrest S R, et al. High-efficiency organic electrophosphorescent devices with tris(2-phenylpyridine)iridium doped into electron-transporting materials[J]. Appl Phy Lett, 2000, 77: 904-906.

[71] Holmes R J, Forrest S R, Tung Y-J, et al. Blue organic electrophosphorescence using exothermic hostguest energy transfer[J]. Appl Phy Lett, 2003, 82: 2422-2424.

[72] Brooks J, Babayan Y, Lamansky S, et al. Synthesis and characterization of phosphorescent cyclometalated platinum complexes[J]. Inorg Chem, 2002, 41: 3055-3066.

[73] Carlson B, Phelan G D, Kaminsky W, et al. Divalent osmium complexes: Synthesis, characterization, strong red phosphorescence, and electrophosphorescence [J]. J Am Chem Soc, 2002, 124: 14162-14172.

[74] Jiang X, Jen A K-Y, Carlson B, et al. Red electrophosphorescence from osmium complexes[J]. Appl Phy Lett, 2002, 80: 713-715.

[75] Handy E S, Pal A J, Rubner M F. Solid-state light-emitting devices based on the tris-chelated ruthenium(ii) complex. 2. Tris(bipyridyl)ruthenium(ii) as a high-brightness emitter[J]. J Am Chem Soc, 1999, 121: 3525-3528.

[76] Rudmann H, Shimada S, Rubner M F. Solid-state light-emitting devices based on the tris-chelated ruthenium(ii) complex. 4. High-efficiency light-emitting devices based on derivatives of the tris(2,2'-bipyridyl) ruthenium(ii) complex[J]. J Am Chem Soc, 2002, 124: 4918-4921.

[77] Correspondence[J]. Synth Met, 1999, 99: 257-260.

[78] Stufkens D J, Vlcek Jr A. Ligand-dependent excited state behaviour of re(i) and ru(ii) carbonyl - diimine complexes[J]. Coor Chem Rev, 1998, 177: 127-179.

[79] Mizoguchi S K, Santos G, Andrade A M, et al. Luminous efficiency enhancement of pvk based oleds with fac-[clre(co)3(bpy)][J]. Synth Met, 2011, 161: 1972-1975.

[80] Mauro M, Procopio E Q, Sun Y, et al. Highly emitting neutral dinuclear rhenium complexes as phosphorescent dopants for electroluminescent devices[J]. Adv Func Mater, 2009, 19: 2607-2614.

[81] Au V K-M, Wong K M-C, Tsang D P-K, et al. High-efficiency green organic light-emitting devices utilizing phosphorescent bis-cyclometalated alkynylgold(iii) complexes[J]. J Am Chem Soc, 2010, 132: 14273-14278.

[82] Fave C, Cho T-Y, Hissler M, et al. First examples of organophosphorus-containing materials for light-emitting diodes[J]. J Am Chem Soc, 2003, 125: 9254-9255.

[83] Evans R C, Douglas P, Winscom C J. Coordination complexes exhibiting room-temperature phosphorescence: Evaluation of their suitability as triplet emitters in organic light emitting diodes[J]. Coor Chem Rev, 2006, 250: 2093-2126.

[84] Su H-C, Fadhel O, Yang C-J, et al. Toward functional π-conjugated organophosphorus materials: Design of phosphole-based oligomers for electroluminescent devices[J]. J Am Chem Soc, 2005, 128: 983-995.

[85] Ma Y, Chao H-Y, Wu Y, et al. A blue electroluminescent molecular device from a tetranucluear zinc(ii) compound [zn4o(aid)6] (aid = 7-azaindolate)[J]. Chem Commu, 1998, 2491-2492.

[86] Young D M, Geiser U, Schultz A J, et al. Hydrothermal synthesis of a dense metal-organic layered framework that contains Cu(i)-olefinic bonds, Cu2(o2cchchco2)[J]. J Am Chem Soc, 1998, 120: 1331-1332.

[87] Wing-Wah Yam V, Chung-Chin Cheng E, Zhu N. The first luminescent tetranuclear copper(i) μ₄-phosphinidene complex[J]. Chem Commu, 2001: 1028-1029.

[88] Anderson Q T, Erkizia E, Conry R R. Synthesis and characterization of the first pentaphenylcyclopentadienyl copper(i) complex, (ph5cp)cu(pph3)[J]. Organometallics, 1998, 17: 4917-4920.

[89] Chan W-H, Peng S-M, Che C-M. Synthesis, structure and spectroscopic properties of [cu₃(μ-dpnapy)₃(ch₃cn)][clo₄]₃ · ch3cn (dpnapy = 7-diphenylphosphino-2,4-dimeth-

yl-1,8-naphthyridine) with a linear copper atom array[J]. J Chem Soc, Dalton Trans, 1998: 2867-2872.

[90] Matsumoto K, Matsumoto N, Ishii A, et al. Structural and spectroscopic properties of a copper(i)-bis(n-heterocyclic)carbene complex[J]. Dalton Trans, 2009:6795-6801.

[91] Krylova V A, Djurovich P I, Whited M T, et al. Synthesis and characterization of phosphorescent three-coordinate cu(i)-nhc complexes[J]. Chem Commu, 2010, 46: 6696-6698.

[92] Lotito K J, Peters J C. Efficient luminescence from easily prepared three-coordinate copper (i) arylamidophosphines[J]. Chem Commu, 2010, 46: 3690-3692.

[93] Czerwieniec R, Yu J, Yersin H. Blue-light emission of Cu(i) complexes and singlet harvesting[J]. Inorg Chem, 2011, 50: 8293-8301.

[94] McMillin D R, McNett K M. Photoprocesses of copper complexes that bind to DNA[J]. Chem Rev, 1998, 98: 1201-1220.

[95] Ford P C, Cariati E, Bourassa J. Photoluminescence properties of multinuclear copper(i) compounds[J]. Chem Rev, 1999, 99: 3625-3648.

[96] Wing-Wah Yam V, Kam-Wing Lo K. Luminescent polynuclear d10 metal complexes[J]. Chem Soc Rev, 1999, 28: 323-334.

[97] Scaltrito D V, Thompson D W, O'Callaghan J A, et al. Mlct excited states of cuprous bis-phenanthroline coordination compounds[J]. Coor Chem Rev, 2000, 208: 243-266.

[98] Armaroli N. Photoactive mono- and polynuclear cu(ii)-phenanthrolines. A viable alternative to ru(ii)-polypyridines? [J]. Chem Soc Rev, 2001, 30: 113-124.

[99] Ma Y, Che C-M, Chao H-Y, et al. High luminescence gold(i) and copper(i) complexes with a triplet excited state for use in light-emitting diodes[J]. Adv Mater, 1999, 11: 852-857.

[100] Zhang Q, Zhou Q, Cheng Y, et al. Highly efficient green phosphorescent organic light-emitting diodes based on cui complexes[J]. Adv Mater, 2004, 16: 432-436.

[101] Min J, Zhang Q, Sun W, et al. Neutral copper(i) phosphorescent complexes from their ionic counterparts with 2-(2'-quinolyl)benzimidazole and phosphine mixed ligands[J]. Dalton Trans, 2011, 40: 686-693.

[102] Zhang Q, Ding J, Cheng Y, et al. Novel heteroleptic cui complexes with tunable emission color for efficient phosphorescent light-emitting diodes[J]. Adv Func Mater, 2007, 17: 2983-2990.

[103] Si Z, Li J, Li B, et al. High light electroluminescence of novel cu(i) complexes[J]. J Lumin, 2009, 129: 181-186.

[104] Xu J, Yun D, Lin B. Diamine ligands with multiple coplanar conjugation rings and their phosphorescent copper complexes: Synthesis, characterization, crystal structures, and

photophysical property[J]. Synth Met, 2011, 161: 1276-1283.

[105] Deaton J C, Switalski S C, Kondakov D Y, et al. E-type delayed fluorescence of a phosphine-supported cu$_2$ (μ-nar$_2$)$_2$ diamond core: Harvesting singlet and triplet excitons in oleds[J]. J Am Chem Soc, 2010, 132: 9499-9508.

[106] Hsu C-W, Lin C-C, Chung M-W, et al. Systematic investigation of the metal-structure-photophysicsrelationship of emissive d10-complexes of group 11 elements: The prospect of application in organic light emitting devices[J]. J Am Chem Soc, 2011, 133: 12085-12099.

[107] Hashimoto M, Igawa S, Yashima M, et al. Highly efficient green organic light-emitting diodes containing luminescent three-coordinate copper(i) complexes[J]. J Am Chem Soc, 2011, 133: 10348-10351.

[108] Wang J, Wang R, Yang J, et al. First oxadiazole-functionalized terbium(iii) β-diketonate for organic electroluminescence[J]. J Am Chem Soc, 2001, 123: 6179-6180.

[109] Sun M, Xin H, Wang K-Z, et al. Bright and monochromic red light-emitting electroluminescence devices based on a new multifunctional europium ternary complex[J]. Chem Commu, 2003: 702-703.

[110] Liang F, Zhou Q, Cheng Y, et al. Oxadiazole-functionalized europium(iii) β-diketonate complex for efficient red electroluminescence[J]. Chem Mater, 2003, 15: 1935-1937.

[111] Sun P-P, Duan J-P, Shih H-T, et al. Europium complex as a highly efficient red emitter in electroluminescent devices[J]. Appl Phy Lett, 2002, 81: 792-794.

[112] Xu H, Yin K, Huang W. Highly improved electroluminescence from a series of novel euiii complexes with functional single-coordinate phosphine oxide ligands: Tuning the intramolecular energy transfer, morphology, and carrier injection ability of the complexes [J]. Chem Eur J, 2007, 13: 10281-10293.

第2章 基于芴的有机小分子双极 主体材料的合成和光电性能研究

2.1 设计思路

磷光材料因其理论量子产率可以达到100%而成为制备高效的 OLED 的首选材料,为了防止其三线态的淬灭效应需要将其掺杂在相应的主体材料中制备器件,因此对主体材料的研究显得极为重要。优秀的主体材料应该具备以下特点:

(1)优秀的载流子传输性能。磷光器件中的电子和空穴主要是在主体材料上传输,这就需要主体材料有较好的电子和空穴传输性能。最理想的情况就是主体材料具有平衡的载流子传输能力,即电子和空穴的传输能力相当。但一般来说,有机电致发光器件材料的空穴传输能力比电子传输性能强很多,为了平衡载流子传输,可以将有电子和空穴的传输能力的主体材料混合,或者利用具有双极传输能力的主体材料。

(2)高的三线态能级。防止三线态能量回传导致器件效率降低。

(3)合适的 HOMO 和 LUMO 能级。在掺杂体系的电致磷光器件中有能量转移(Förster 和 Dexter 能量转移)和载流子捕获(carrier trapping)两种不同的机制,当然这两种机制也会同时存在。无论哪种机制是主要的,都要求主体材料比客体材料有更宽的 HOMO-LUMO 带隙。

(4)玻璃化温度高,热稳定性好,能形成稳定的不定型膜。

4,5-二氮杂芴的衍生物,如9,9'-二芳基4,5-二氮杂芴和4,5-二氮杂螺二芴,因为以下几种优势,使其成为双极主体材料的首选骨架结构之一:①sp³杂化碳的存在,阻碍了 π 电子的流动,打断了芳香环之间的共轭,使其有较高的三线态能级;②此化合物的三维立体的空间结构,如图2-1 所示,可以有效地防止分子间的聚集,使发光薄膜不易结晶;③这类氮杂芴类化合物普遍都有较低的 LUMO 能级,较低的 LUMO 能级能够阻挡一部分空穴注入,为制备载流子平衡的器件提供了有利条件;④芴也是一种具有电子传输能力的基团。

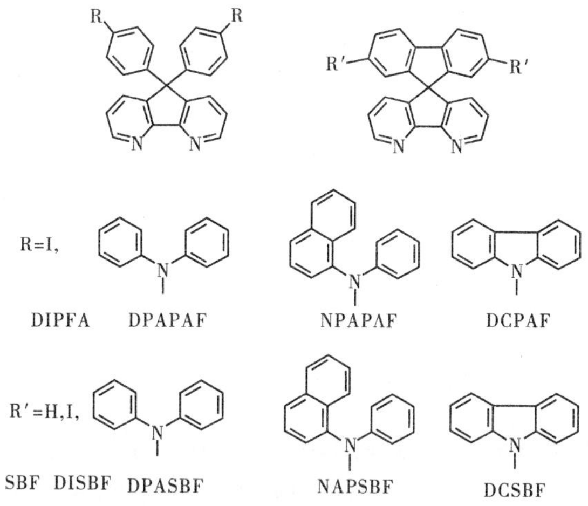

图 2-1　两类氮杂芴双极分子的结构

本章设计并合成了两系列以咔唑和苯胺衍生物修饰的 4,5 - 二氮杂芴的衍生物(见图 2-1),在对这些化合物进行了光物理性质的表征后,重点研究了其作为主体材料的电致发光性能,得到了高效的绿色磷光器件,研究了其发光机制,证明了其双极传输能力。最后为后续将这些化合物作为配体引入来制备磷光材料提供了依据。

2.2　实验部分

2.2.1　试剂和药品

药品或试剂规格如表 2-1 所示。

表 2-1　药品或试剂规格

药品或试剂	规格	厂家
1,10 - 邻菲咯琳	C. P.	国产
咔唑	C. P.	国产
二苯胺	A. R.	国产
萘苯胺	A. R.	国产

药品或试剂	规格	厂家
苯胺	A. R.	国产
苯胺盐酸	A. R.	国产
碘苯	A. R.	Alfa Aesar
FeCl$_3$	A. R.	Alfa Aesar
HIO$_3$	A. R.	Alfa Aesar
2 - 溴联苯	A. R.	国产

THF 经过除水蒸馏后使用,将 THF 经过 KOH 干燥过夜,然后于烧瓶中加钠丝回流 8 h 后蒸出备用。其他常用试剂均为分析纯,在实验中直接使用。

2.2.2　实验仪器和实验方法

熔点:北京科学电光仪器 XT5 显微熔点仪。

核磁:Bruker DPX – 400 MHz 超导核磁共振仪,四甲基硅烷(TMS)为内标。

质谱:LC – MSD – Trap – XCT 质谱仪。

紫外可见吸收光谱:Hitachi UV – 3010 紫外可见光谱仪。

荧光和磷光光谱:JOBIN YVON Fluoro Max 荧光光谱仪。

低温磷光光谱测定:杜瓦瓶中加入液氮降温进行磷光测试。

量子效率的测定:量子效率是用比较法测定的,以硫酸奎宁水溶液为参比,其荧光量子产率 Φ_f 为 0.55 + 0.05。为了尽量减小误差,防止内过滤效应,溶液要稀释到约 1.0×10^{-5} mol/L,使其在 300 nm 处(选定为激发波长)的紫外吸收值 A 为 0.03 ~ 0.05。被测配合物的量子效率计算公式为

$$\Phi = \frac{\Phi_r A_r n^2 I}{A n_r^2 I_r}$$

其中 A、n、I 分别为吸收值、溶剂的折光率和发光强度(积分面积)。

循环伏安法(CV)测试:采用三电极体系,工作电极为铂电极,辅助电极为铂丝;参比电极为 AgCl/Ag。电解质为四丁基高氯酸铵 TBAClO$_4$,在 DMF 溶液中的浓度为 0.1 mol/L。测定前通入氮气 2 min,测定时液面保持氮气气氛。在室温下进行实验。

热重分析:氮气保护下,以 20 ℃/min 升温,至完全分解获得分解温度值。

元素分析:样品的 C、H、N 元素的含量用 PE2400 型元素分析仪进行测定。

2.2.3 主体材料的合成和表征

2.2.3.1 4,5 - 二氮杂 - 9 - 芴酮(DAF)的合成

本章的所有化合物都是以此芴酮(DAF)为起始原料展开的,合成路线如图 2-2 所示。

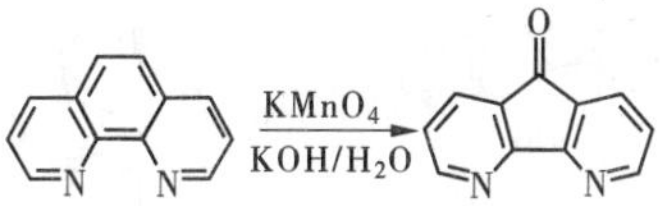

图 2-2 4,5 - 二氮杂 - 9 - 芴酮(DAF)的合成路线

合成方法:1 000 mL 烧杯中加入 250 mL 水、KOH(2.8 g,50 mmol)、1,10 - 邻菲咯啉(6.5 g,32 mmol),加热 1 h 使烧杯里的物质溶解完全。在体系沸腾时,缓慢滴入 500 mL KMnO$_4$ 的沸腾溶液,此时溶液中有大量黑褐色 MnO$_2$ 沉淀产生,溶液也慢慢变为红色,滴加完毕,回流约 2 h,趁热过滤,将滤液浓缩至 120 mL 左右,冷却得到大量黄色针状沉淀,抽滤,乙醇重结晶得到淡黄色针状晶体,100 ℃真空干燥,得产物 1.8 g,产率 31%。

2.2.3.2 第一系列双极主体材料合成

第一系列双极主体材料合成路线如图 2-3 所示。

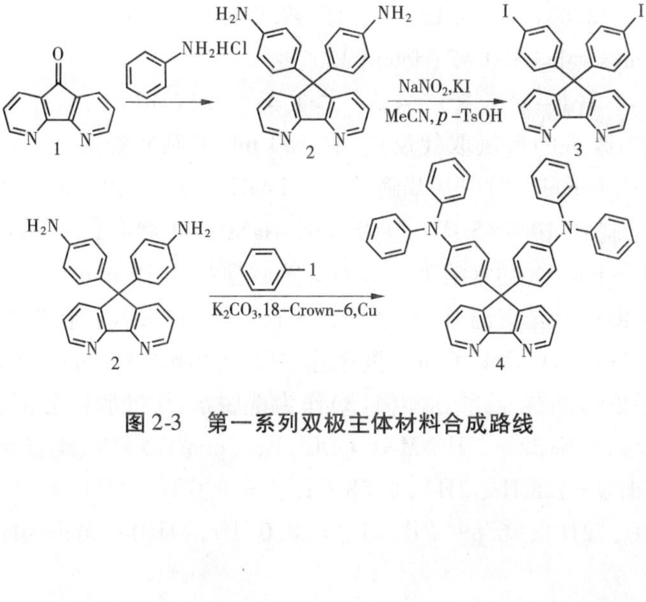

图 2-3 第一系列双极主体材料合成路线

续图 2-3

1.9,9'-二(4-胺基苯基)-4,5-二氮杂芴(2)(DAPAF)的合成

250 mL 圆底烧瓶中,加入 10.2 g (86 mmol)苯胺盐酸盐、50 mL 苯胺、3.64 g (20 mmol) DAF,回流 10 h,反应完毕,溶液变为黑褐色黏稠溶液。冷却,抽滤,大量乙醇冲洗 3 次,再抽滤,得白色絮状固体 5.5 g,产率 80%。^{1}HNMR(DMSO) δ (ppm):8.63(d, J =4.8 Hz, 2 H), 7.85(d, J =6.4 Hz, 2H), 7.38 (dd, J =7.8, 4.8 Hz, 2H), 6.75 (d, J = 8.6 Hz, 4H), 6.42 (d, J = 8.6 Hz, 4H), 5.03(s, 4H); Molecular Weight:350.15. Calcd for $C_{23}H_{18}N_4$: C, 78.83; H, 5.18; N, 15.99. found: C, 78.75; H, 5.17; N, 15.96. MS: m/z calcd 350.42; found 350。

2.9,9'-二(4-碘苯基)-4,5-二氮杂芴(3)(DIPAF)的合成

此反应为改进的重氮取代反应,在 100 mL 的圆底烧瓶中,加入 DAPAF (2)(1.05 g, 3 mmol),对甲基苯磺酸(p-TsOH)(1.7 g,9 mmol)以及 12 mL 乙腈,温度控制在 10 ~ 15 ℃,缓慢加入 $NaNO_2$ (0.414 g, 6 mmol) 和 KI (1.245 g, 7.5 mmol) 的水溶液 1.8 mL,然后搅拌约 10 min,TLC 检测反应。反应完毕,将温度升至室温,得黄色悬浊溶液。用 $NaHCO_3$ 水溶液调 pH 值至 7 左右,接着用 $Na_2S_2O_3$(2M, 6 mL)洗涤除去多余的碘单质,抽滤,得黄色固体,干燥,粗产品以石油醚/乙酸乙酯(1:3)作为洗脱剂,用硅胶柱分离,得到浅黄色固体 0.55 g,产率 32%。^{1}H NMR($CDCl_3$) δ (ppm):8.76 (d, J =4.8 Hz, 2 H), 7.69 (d, J =7.8 Hz, 2H), 7.58 (d, J = 8.0 Hz, 4H), 6.75 (dd, J = 7.8, 4.8 Hz, 2H), 6.89 (d, J = 8.0 Hz, 4H); Molecular Weight:

572. 18. Calcd for $C_{23}H_{14}I_2N_2$：C, 48. 28；H, 2. 47；N, 4. 90. found：C, 48. 22；H, 2. 45；N, 4. 87. MS：m/z calcd 571. 92；found 571。

3.9,9 – 二(4 – 二苯胺基苯基) – 4,5 – 二氮杂芴(4)（DPAPAF）的合成

在干燥的 50 mL 圆底烧瓶中加入 DAPAF 1.4 g(4 mmol)，碘苯 2.42 mL (22 mmol)，K_2CO_3 4.87 g(35.2 mmol)，催化剂量的 18 – crown – 6,活性铜粉 1.4 g(22 mmol)，邻二氯苯 4 mL,回流 20 h,冷却,蒸出多余溶剂,得褐色粗品,以石油醚/乙酸乙酯(1:3)作为洗脱剂,用硅胶柱分离,得到浅黄色固体 1.2 g,产率 46%。^{1}H NMR(CDCl$_3$) δ（ppm）:8.72（d, J = 4.0 Hz, 2 H）, 7.80 （d, J = 7.2 Hz, 2H）, 7.30（dd, J = 8.0, 4.8 Hz, 4H）, 7.24 – 7.20（m, 8 H）, 7.06 – 6.98（m,16 H）, 6.90（d, J = 8.4, 4 H）；Molecular Weight：654. 8. Calcd for $C_{47}H_{34}N_4$：C, 86. 21；H, 5. 23；N, 8. 56. Found：C, 86. 03；H, 5. 22；N, 8. 52. MS m/z：654. 28；found 654。

4.9,9 – 二(4 – (1 – 萘基)苯胺基苯基) – 4,5 – 二氮杂芴(6)（NPAPAF）的合成

在干燥的 50 mL 圆底烧瓶中加入 DIPAF 1.14 g(2 mmol)，萘苯胺 1.14 g (5.2 mmol)，K_2CO_3 2.8 g(20 mmol)，催化剂量的 18 – crown – 6,活性铜粉 0.33 g(5.2 mmol)，邻二氯苯 3 mL,回流 20 h,冷却,蒸出多余溶剂,得褐色粗品,以石油醚/乙酸乙酯(1:3)作为洗脱剂,用硅胶柱分离,得到白色固体 0.64 g,产率 43%。^{1}H NMR(CDCl$_3$) δ（ppm）:8.69（d, J = 4.4 Hz, 2 H）, 7.86 （d, J = 8.4 Hz, 4H）, 7.76（t, J = 7.6 Hz, 4H）, 7.45（m, 4 H）, 7.31（m, 4 H）, 7.23(m, 2 H）, 7.15(t, J = 7.2 Hz, 4 H）, 7.00（d, J = 7.6 Hz, 4 H）, 6.95 – 6.88(m, 6 H）, 6.83（d, J = 8.4 Hz, 4 H）；Molecular Weight：754. 92. Calcd for $C_{55}H_{38}N_4$：C, 87. 50；H, 5. 07；N, 7. 42. Found：C, 87. 11；H, 5. 05；N, 7. 43. MS m/z：754. 31；found 754。

5.9,9 – 二(4 – (9 – 咔唑基)苯基) – 4,5 – 二氮杂芴(5)（DCPAF）的合成

在干燥的 50 mL 圆底烧瓶中加入 DIPAF 1.14 g(2 mmol)，咔唑 0.87 g (5.2 mmol)，K_2CO_3 2.8 g(20 mmol)，催化剂量的 18 – crown – 6,活性铜粉 0.33 g(5.2 mmol)，邻二氯苯 3 mL,回流 20 h,冷却,蒸出多余溶剂,得褐色粗品,以石油醚/乙酸乙酯(1:3)作为洗脱剂,用硅胶柱分离,得到白色固体 0.66 g,产率 51%。^{1}H NMR(CDCl$_3$) δ（ppm）:8.85（d, J = 3.6 Hz, 2 H）, 8.15 （d, J = 7.6 Hz, 4 H）, 7.97（d, J = 7.6 Hz, 4H）, 7.54（dd, 8 H）, 7.43 （m, 10 H）,7.29（t, J = 7.2 Hz, 4 H）；Molecular Weight：650. 77. Calcd for C47H30N4：C, 86. 74；H, 4. 65；N, 8. 61. Found：C, 86. 44；H, 4. 63；N,

8.59. MS m/z: 650.25；found 650。

2.2.3.3 第二系列双极主体材料合成

第二系列双极主体材料合成路线如图2-4所示。

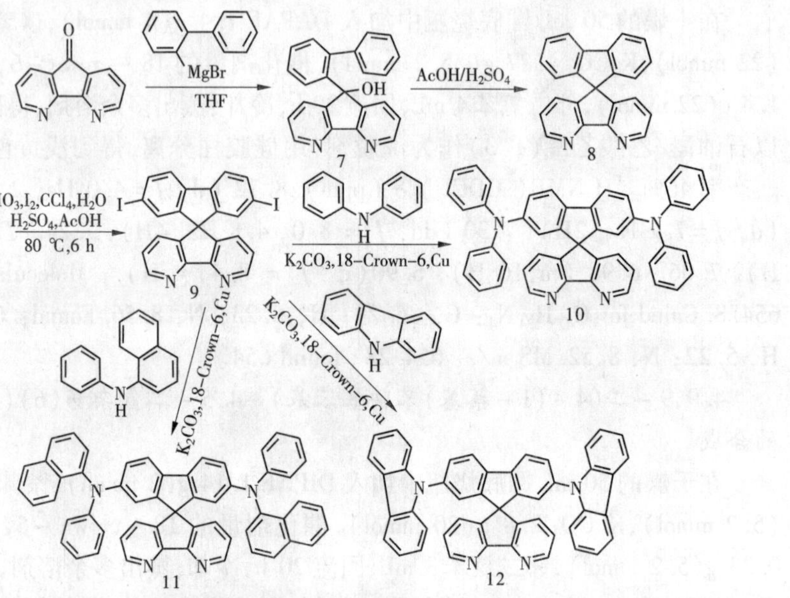

图2-4 第二系列双极主体材料合成路线

1.4,5－二氮杂－9,9'－螺二芴(8)(SBF)的合成

1)9－(2－联苯基)－9－羟基－4,5－二氮杂芴的合成

在氮气保护下,将镁碎屑0.264 g(11 mmol)和少量碘加入到有回流装置的50 mL三口瓶中,加入5 mL THF和几滴2－溴联苯,N₂保护下加热引发反应(此时不要搅拌溶液),引发后,将25 mL 2－溴联苯2.33 g(10 mmol)的THF溶液滴入反应体系中,控制滴加速度使体系轻微回流。滴加完毕,N₂保护下反应2 h。冷至室温,将所得格氏试剂滴入DFA(1.82 g,10 mmol)和40 mL的THF的混合液中,控制滴加速度是反应轻微回流,待滴加完毕,回流12 h,冷至室温,将反应液倒入500 mL冷水中,室温搅拌2 h,100 mL氯仿萃取5次,有机相用无水Na₂SO₄干燥,旋蒸得粗品,正己烷洗涤,烘干。

2)芴醇环化

将上面所得芴醇溶于250 mL热的乙酸中,加三滴浓硫酸作催化剂,加热回流24 h,加冷水淬灭反应,用NaOH调pH值至7左右,100 mL氯仿萃取5

次,有机相用无水 Na_2SO_4 干燥,用乙酸乙酯作为洗脱剂进行柱层析提纯,得白色固体 2.2 g,产率 70%。$^1HNMR(CDCl_3)$,δ(ppm):8.75(t, 2 H),7.87(d, $J = 7.6$ Hz, 2 H),7.43 – 7.40(m, 2 H),7.16 – 7.12(m, 6 H),6.72(d, $J = 7.6$ Hz, 2 H);Molecular Weight:318.37. Calcd for $C_{23}H_{14}N_2$:C,86.77;H,4.43;N,8.80. Found:C,86.55;H,4.41;N,8.78. MS m/z:318.12;found 318.1。

2.2,7 – 二碘 – 4,5 – 二氮杂 – 9,9' – 螺二芴(9)(DISBF)的合成

100 mL 单口烧瓶中,加入 40 mL AcOH,10 mL CCl_4,10 mL 水,4 mL 浓 H_2SO_4,在 80 ℃ 油浴中反应 6 h,冷至室温,有大量白色沉淀产生,抽滤,用乙酸和 $CHCl_3$ 洗涤,将得到的固体溶于 $CHCl_3$ 中,用 $Na_2S_2O_3$ 水溶液洗涤除去多余的碘单质,收集的有机相用无水 Na_2SO_4 干燥,以石油醚/乙酸乙酯(5:3)作为洗脱剂,用硅胶柱分离,得到白色固体 6.1 g,产率 85%。$^1HNMR(CDCl_3)$,δ(ppm):8.74(d, $J = 4.8$ Hz 2 H),7.67(d, $J = 7.6$ Hz, 2 H),7.51(d, $J = 7.6$ Hz, 2 H),7.19 – 7.10(m, 4 H),6.96(s, 2 H);Molecular Weight:570.16. Calcd for $C_{23}H_{12}I_2N_2$:C,48.45;H,2.12;N,4.91. Found:C,48.75;H,2.10;N,4.89. MS m/z:569.91;found 569.7。

3.2,7 – 二(二苯胺基) – 4,5 – 二氮杂 – 9,9' – 螺二芴(10)(DPASBF)的合成

50 mL 烧瓶中,分别加入 DISBF 1.14 g(2 mmol),二苯胺 0.88 g(5.2 mmol),K_2CO_3 2.8 g(20 mmol),18 – crown – 6 催化量,活性铜粉 0.33 g(5.2 mmol),邻二氯苯 3 mL。合成方法与 NPAPAF 合成方法相同,都为传统的乌尔曼反应,石油醚/乙酸乙酯(1:3)作为洗脱剂,用硅胶柱分离,最后得到淡黄色固体 0.79 g,产率 61%。$^1HNMR(CDCl_3, 400$ MHz),δ(ppm):8.65(d, $J = 4.8$ Hz, 2H),7.58(d, $J = 8.4$ Hz, 2H),7.16 – 7.09(m, 10H),7.05(d, $J = 8.4$ Hz, 2H),6.92 – 6.90(m, 12H),6.41(s, 2H);Molecular Weight:652.78. Calcd for $C_{47}H_{32}N_4$:C,86.48;H,4.94;N,8.58. Found:C,86.16;H,4.93;N,8.55. MS m/z:652.26;found 652.3。

4.2,7 – 二(1 – 萘苯胺基) – 4,5 – 二氮杂 – 9,9' – 螺二芴(11)(NPASBF)的合成

方法与上同,1 – 萘苯胺 1.14 g(5.2 mmol),其他反应物与上同,得到黄色固体 1.05 g,产率 70%。$^1HNMR(CDCl_3, 400$ MHz),δ(ppm):8.59(d, $J = 4.0$ Hz, 2H),7.79(d, $J = 8.4$ Hz, 2H),7.69 – 7.63(m, 4H),7.49(d, $J = 8.0$ Hz, 2H),7.39 – 7.31(m, 4H),7.22(d, 2H),7.17 – 7.12(m, 6H),7.07 – 7.01(m, 6H),6.93 – 6.90(d, $J = 8.4$ Hz, 2H),6.84 – 6.80

(m, 4H), 6.30 (s, 2H); Molecular Weight: 752.9. Calcd for $C_{55}H_{36}N_4$: C, 87.74; H, 4.82; N, 7.44. Found: C, 87.33; H, 4.81; N, 7.46. MS m/z: 752.29; found 752.3。

5.2,7-二(9-咔唑基)-4,5-二氮杂-9,9'-螺二芴(12)(DCSBF)的合成

咔唑0.87 g(5.2 mmol),其他物料和合成步骤同上,提纯后得白色固体1.07 g,产率83%。^{1}HNMR(CDCl$_3$,400 MHz),δ(ppm):8.83(d, J = 4.0 Hz, 2H), 8.15(d, J = 8.0 Hz, 2H), 8.07 (d, J = 8.4 Hz, 4H), 7.72 (d, J = 8.0 Hz, 2H), 7.37 (d, J = 8.4 Hz, 2H), 7.33-7.29 (m, 4H), 7.25-7.20 (m, 10H), 7.01 (s, 2H); Molecular Weight: 648.75. Calcd for $C_{47}H_{28}N_4$: C, 87.01; H, 4.35; N, 8.64. Found: C, 87.64; H, 4.37; N, 8.62. MS m/z: 648.23; found 648.2。

2.2.4　晶体结构的测定

室温下,采用 Oxford 四圆单晶衍射仪测定了五种化合物的晶体结构。其中,SBF、DISBF、IPASBF、DCSBF 采用石墨单色化的 Mo Kα 辐射为光源(λ = 0.710 7 Å)进行数据收集,DPASBF 采用石墨单色化的 Cu 辐射为光源(λ = 1.541 8 Å)进行数据收集。全部强度数据由 Oxford Diffraction Ltd. 开发的 CrysAlisPro 程序进行数据还原并采用 SADABS 方法进行半经验吸收校正。晶体结构由 Olex2 程序通过直接法解出并经 SHELXL 程序通过全矩阵最小二乘法对 F^2 进行精修,最终得到全部非氢原子的坐标和各向异性温度因子。主要晶体结构参数列于表 2-2。

2.2.5　有机电致发光器件的制备

ITO 玻璃的刻蚀:将 ITO 玻璃用玻璃刀分割成所需大小,然后用透明胶带保护所需的 ITO 部分,用稀盐酸加锌粉进行刻蚀 5 min,然后去掉胶带纸,把刻蚀好的玻璃洗净备用。

ITO 玻璃的清洗:先分别用酒精棉球、丙酮棉球对 ITO 表面擦拭清洗,然后分别用去离子水、酒精、丙酮清洗 5 min,烘干,然后放入紫外灯箱中烘烤 5 min,以增加功函数。

有机电致磷光器件的制备:所用仪器为辽宁聚智生产的真空镀膜仪。将处理好的 ITO 玻璃放入真空室中,当真空度到达 5.0×10^{-4} Pa 时,开始制备器件,器件的厚度是由石英晶振仪来监控的。

表 2-2 化合物主要晶体结构参数

名称		DIPAF	SBF	DISBF
分子式		C23 H14 I2 N2	C23 H14 N2	C23 H12 I2 N2
分子量		286.08	318.36	284.08
衍射波长(Å)		0.710 73	0.710 73	0.710 73
晶系名称		tetragonal	Monoclinic,	Monoclinic
空间群名称		P 41 21 2	P 2(1)/c	C2/c
晶胞参数	a(Å)	11.861 9(3)	10.130 4(12)	18.779 6(4)
	b(Å)	11.861 9(3)	11.544 4(2)	10.332 01(18)
	c(℃/Å)	13.972 2(5)	13.832 4(17)	30.633 3(7)
	α(deg.)	90	90	90
	β(deg.)	90	92.947(11)	90.064(2)
	γ(deg.)	90	90	90
晶胞体积(Å³)		1 965.95(9)	1 615.5(3)	5 916.8(2)
晶胞包含的分子数 Z		8	4	4
单胞中电子数		1 088	664	3 240
θ(deg.)		3.38~29.04	3.11~26.37	2.94~29.16
最小与最衍射指标		−15 < h < 15 −12 < k < 16 −18 < l < 18	−12 < h < 7 −13 < k < 14 −17 < l < 7	−24 < h < 24 −13 < k < 12 −38 < l < 40
衍射点收集/独立衍射点数目		6 138/2 324[B(int) =0.031 1]	6 865/3 306[B(int) =0.030 5]	13 673/6 696 [B(int) =0.022 5]
参加精修衍射点数目/几何限制参数数目/参加参数数目		2 324/0/123	3 306/0/226	6 696/0/366
可观测衍射点的 s 值		1.030	1.025	1.026
可观测衍射点的 R_1 值		$R_1 = 0.039 7$,	$R_1 = 0.046 8$,	$R_1 = 0.033 9$,
可观测衍射点的 wR_2 值		$wR_2 = 0.067 9$	$wR_2 = 0.100 3$	$wR_2 = 0.069 2$
全部衍射点的 R_1 值		$R_1 = 0.055 8$,	$R_1 = 0.076 3$,	$R_1 = 0.049 5$,
全部衍射点的 wR_2 值		$wR_2 = 0.073 3$	$wR_2 = 0.114 4$	$wR_2 = 0.076 4$
最大电子密度峰值、洞值		0.578、−0.772	0.139、−0.199	0.543、−0.523

名称		DIPAF	SBF	DISBF
分子式		C47 H32 N4	C47 H28 N4	C35 H22 I N3
分子量		652.77	676.74	611.46
衍射波长(Å)		1.541 84	0.710 73	0.710 73
晶系名称		Monoclinic	Triclinic	Monoclinic
空间群名称		P 2(1)/n	P ~1	P 2(1)/n
晶胞参数	$a(Å)$	16.913 2(4)	9.956 9(6)	11.657 7(2)
	$b(Å)$	10.443 3(3)	12.705 8(7)	20.551 3(4)
	$c(℃/Å)$	19.178 7(5)	16.100 5(10)	12.045 6(3)
	$\alpha(deg.)$	90	79.510(5)	90
	$\beta(deg.)$	91.215(3)	76.675(5)	100.214(2)
	$\gamma(deg.)$	90	67.494(5)	90
晶胞体积(Å³)		3 386.77(16)	1 821.10(19)	2 840.16(10)
晶胞包含的分子数 Z		4	2	4
单胞中电子数		1 368	704	1 224
$\theta(deg.)$		3.45~63.85	2.92~26.37	3.58~26.37
最小与最衍射指标		$-19 < h < 19$ $-12 < k < 8$ $-12 < l < 22$	$-12 < h < 12$ $-15 < k < 15$ $-20 < l < 20$	$-21 < h < 14$ $-22 < k < 25$ $-15 < h < 13$
衍射点收集/独立衍射点数目		8 772/5 387[B(int) =0.028 3]	15 013/7 406[B(int) =0.032 3]	14 780/5 73 [B(int) =0.023 6]
参加精修衍射点数目/几何限制参数数目/参加参数数目		5 387/0/460	7 406/0/468	5 763/0/352
可观测衍射点的 s 值		1.059	1.321	1.064
可观测衍射点的 R_1 值		$R_1 = 0.048 7,$	$R_1 = 0.082 4,$	$R_1 = 0.051 8,$
可观测衍射点的 wR_2 值		$wR_2 = 0.111 3$	$wR_2 = 0.217 8$	$wR_2 = 0.144 6$
全部衍射点的 R_1 值		$R_1 = 0.068 7,$	$R_1 = 0.131 4,$	$R_1 = 0.064 7,$
全部衍射点的 wR_2 值		$wR_2 = 0.121 9$	$wR_2 = 0.244 7$	$wR_2 = 0.154 6$
最大电子密度峰值、洞值		0.137、-0.235	1.234、-0.479	2.603、-0.721

器件性能的测定:器件的电流—亮度—电压($J—L—V$)和电致发光光谱曲线的测试分别用北京师范大学生产的 ST – 900M 和 OPT – 2000 测试系统, Keithley 2000 作为电源。

2.3　结果与讨论

2.3.1　合成和表征

第一系列化合物的合成是以 9, 9' – 二(4 – 胺基苯基) – 4, 5 – 二氮杂芴 (2)(DAPAF)为起始原料进行的,生成 DAPAF 的过程是一个酸催化的偶联反应。由 DAPAF 生成 DIPAF 是一个重氮化碘代过程。传统的重氮化碘代过程较烦琐,需要在 0 ℃到 – 10 ℃之间,酸性条件下加入亚硝酸盐进行重氮化,然后将此反应液倒入 KI 溶液中进行碘代过程,反应过程受温度和 pH 值的影响较大,而且产率较低,产生废酸较多。我们有幸查到一篇文献,利用一锅法来进行此反应,此反应有简单快速以及产率较高的特点,提高了实验的效率。

第一系列化合物和第二系列化合物的合成重点在芳香胺的偶联上,采用传统的 Ulmman 反应,在高沸点溶剂中,无机碱(Na$_2$CO$_3$)和相转移催化剂 18 – 冠 – 6 – 铜的催化下进行此反应。其中,催化剂铜要经过活化处理:将铜粉于丙酮中加入碘活化 2 ~ 3 min,滤出,再放入丙酮中加盐酸搅拌 5 min,滤出,大量丙酮冲洗 3 次,这样得到的铜不仅可以除去表面的氧化物,还能提高铜粉的比表面积,提高催化性能。

2.3.2　晶体结构

我们得到了几个中间产物和最终产物的晶体结构,它们是在乙醇、DMF 或 THF 中经溶剂挥发法得到的,这些晶体结构为更好地理解此类材料的性能提供了依据。

图 2-5 ~ 图 2-9 给出了五种氮杂螺芴类化合物的晶体结构,表 2-3 ~ 表 2-7 给出了这五种化合物的主要键长和键角。从图中可以看出:这类双极分子最典型的结构特征是通过 sp^3 杂化碳为中心连接两个芴刚性平面,由于刚性骨架的作用,以 sp^3 杂化碳为中心的四面体与理想四面体结构有一定的偏差。从表 2-3 ~ 表 2-7 中数据可以看出:随着芴环上取代基的增大,以 sp^3 杂化碳为中

心的四面体的扭曲程度也稍有增加,SBF、DISBF、IPASBF、DCSBF、DPASBF 化合物中 sp³ 杂化碳中心的六个角的角度范围分别为 101.26 ~ 113.94、101.12 ~ 114.98、100.95 ~ 114.66、100.88 ~ 116.10、100.78 ~ 118.20。这五个化合物的两个芴环之间的二面角分别是 SBF(88.2°)、DISBF(89.4°)、IPASBF(89.3°)、DCSBF(86.1°)、DPASBF(79.8°),除二苯胺双取代的 DPASBF(79.8°)偏离 90°较多外,其余四种化合物的二面角均接近 90°。五种化合物的氮杂芴刚性平面的平面性都比较好(平面的平均偏差在 0.010 ~ 0.025 Å,而非氮杂芴环平面的平均偏差随取代基的不同稍有变化:SBF(0.028 Å)、DISBF(0.044 Å)、IPASBF(0.046)、DCSBF(0.054 Å)、DPASBF(0.048 Å)。以上结果表明:在芴环的 4 位引入取代基会引起氮杂螺芴刚性结构的变化,当DISBF 中的碘被咔唑取代后,所得化合物的芴平面与咔唑取代基平面之间的扭曲角分别为 80.9°和 56.3°。由于这种扭曲的分子结构,苯胺或咔唑取代基与芴环之间的共轭程度会因此减小,从而保证此类化合物有较高的三线态能级,使其适合作为电致磷光器件的主体材料。

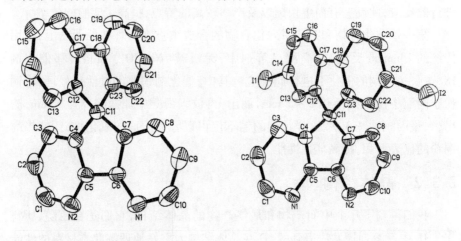

图 2-5　SBF 晶体结构　　　　　　图 2-6　DISBF 晶体结构

　　图 2-10 给出了碘代氮杂芴化合物 DIPAF 的晶体结构。表 2-8 给出了这个化合物的主要键长和键角。与氮杂螺芴类的化合物不同,氮杂芴类化合物只有一个刚性的平面,DIPAF 中氮杂芴刚性平面的平面性较好(平均偏差0.022 Å),两个碘代苯环与氮杂芴环的二面角为 68.83°。以 sp³ 杂化碳为中心的四面体与理想四面体结构有一定的偏差,六个角的角度范围为 99.78° ~

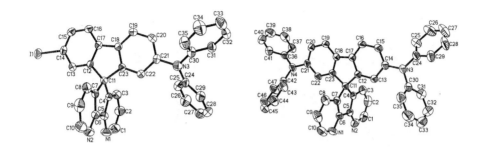

图 2-7　IPASBF 晶体结构　　　　　图 2-8　DPASBF 晶体结构

114.52°,与碘代氮杂螺芴 DISBF 化合物相比,四面体结构的扭曲程度稍有增加。虽然没有得到其他化合物的结构,根据上述氮杂螺芴类化合物结构变化规律,我们推测:当 DIPAF 中的碘被苯胺或咔唑取代后,所得的化合物刚性结构的扭曲程度也会增加,这种扭曲的分子结构有可能导致苯胺或咔唑取代基与氮杂芴环之间的相互作用减小,起到提高分子三线态能级的作用。其实对于这类双极性化合物,扭曲结构不仅能够提高三线态能级,同时也能够减小分子间作用力。如 SBF 和 DISBF 的晶体中氮杂芴环之间存在着明显的 ππ 堆积作用(见图 2-11),而随着取代基的增大,化合物晶体中观察不到明显的 ππ 堆积作用,化合物 DIPAF 的晶体结构中也观察不到明显的 ππ 堆积作用。分子间的作用力的减小更有利于化合物在真空中蒸镀,能够形成无定形的薄膜,防止薄膜晶化,有利于提高 OLED 的性能。

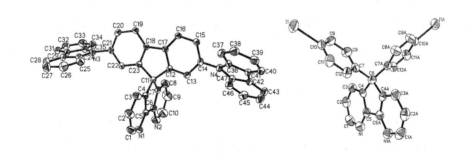

图 2-9　DCSBF 晶体结构　　　　　图 2-10　DIPAF 晶体结构

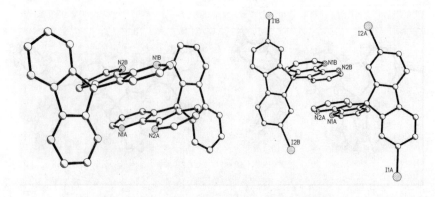

图 2-11　SBF 和 DISBF 表现 ππ 堆积作用的结构

表 2-3　化合物 SBF 的主要键长和键角数据

N(1) – C(6)	1.339(2)	C(6) – N(1) – C(10)	114.77(14)
N(1) – C(10)	1.342(2)	N(2) – C(1) – C(2)	125.23(17)
C(1) – N(2)	1.335(3)	C(1) – N(2) – C(5)	114.29(16)
C(1) – C(2)	1.383(3)	C(1) – C(2) – C(3)	119.06(18)
N(2) – C(5)	1.341 5(18)	C(4) – C(3) – C(2)	117.45(17)
C(2) – C(3)	1.384(2)	C(3) – C(4) – C(5)	119.04(15)
C(3) – C(4)	1.372(2)	C(3) – C(4) – C(11)	130.39(14)
C(4) – C(5)	1.392(2)	C(5) – C(4) – C(11)	110.55(14)
C(4) – C(11)	1.526(2)	N(2) – C(5) – C(4)	124.88(16)
C(5) – C(6)	1.472(2)	N(2) – C(5) – C(6)	126.28(15)
C(6) – C(7)	1.395 9(19)	C(4) – C(5) – C(6)	108.83(13)
C(7) – C(8)	1.377(2)	N(1) – C(6) – C(7)	125.04(15)
C(7) – C(11)	1.521(2)	N(1) – C(6) – C(5)	126.86(13)
C(8) – C(9)	1.385(2)	C(7) – C(6) – C(5)	108.10(13)
C(9) – C(10)	1.375(2)	C(8) – C(7) – C(6)	118.31(14)
C(11) – C(23)	1.528(2)	C(8) – C(7) – C(11)	130.64(13)
C(11) – C(12)	1.529(2)	C(6) – C(7) – C(11)	111.06(13)
C(12) – C(13)	1.376(2)	C(7) – C(8) – C(9)	117.78(15)

C(12)-C(17)	1.394 5(19)	C(10)-C(9)-C(8)	119.47(16)
C(13)-C(14)	1.386(2)	N(1)-C(10)-C(9)	124.60(17)
C(14)-C(15)	1.377(2)	C(7)-C(11)-C(4)	101.27(11)
C(15)-C(16)	1.380(2)	C(7)-C(11)-C(23)	113.94(13)
C(16)-C(17)	1.382(2)	C(4)-C(11)-C(23)	115.29(12)
C(17)-C(18)	1.468(2)	C(7)-C(11)-C(12)	113.71(12)
C(18)-C(19)	1.384(2)	C(4)-C(11)-C(12)	111.95(13)
C(18)-C(23)	1.399(2)	C(23)-C(11)-C(12)	101.25(11)
C(19)-C(20)	1.376(2)	C(13)-C(12)-C(17)	120.60(15)
C(20)-C(21)	1.383(2)	C(13)-C(12)-C(11)	128.68(13)
C(21)-C(22)	1.384(2)	C(17)-C(12)-C(11)	110.72(13)
C(22)-C(23)	1.383(2)	C(12)-C(13)-C(14)	118.79(15)

表2-4 化合物 DISBF 的主要键长和键角数据

C(1)-N(1)	1.332(5)	N(1)-C(1)-C(2)	124.9(3)
C(1)-C(2)	1.382(5)	C(3)-C(2)-C(1)	119.2(4)
C(2)-C(3)	1.375(5)	C(2)-C(3)-C(4)	117.8(3)
C(3)-C(4)	1.378(5)	C(3)-C(4)-C(5)	118.9(3)
C(4)-C(5)	1.392(4)	C(3)-C(4)-C(11)	129.8(3)
C(4)-C(11)	1.514(4)	C(5)-C(4)-C(11)	111.3(3)
C(5)-N(1)	1.344(4)	N(1)-C(5)-C(4)	124.2(3)
C(5)-C(6)	1.469(5)	N(1)-C(5)-C(6)	127.5(3)
C(6)-N(2)	1.334(4)	C(4)-C(5)-C(6)	108.2(3)
C(6)-C(7)	1.391(4)	N(2)-C(6)-C(7)	124.8(3)
C(7)-C(8)	1.369(5)	N(2)-C(6)-C(5)	126.6(3)
C(7)-C(11)	1.526(4)	C(7)-C(6)-C(5)	108.6(3)
C(8)-C(9)	1.395(5)	C(8)-C(7)-C(6)	119.5(3)

C(9) – C(10)	1.378(5)	C(8) – C(7) – C(11)	129.7(3)
C(10) – N(2)	1.331(5)	C(6) – C(7) – C(11)	110.8(3)
C(11) – C(12)	1.525(4)	C(7) – C(8) – C(9)	116.8(3)
C(11) – C(23)	1.533(4)	C(10) – C(9) – C(8)	119.0(4)
C(12) – C(13)	1.375(4)	N(2) – C(10) – C(9)	125.4(3)
C(12) – C(17)	1.397(4)	C(4) – C(11) – C(12)	112.3(3)
C(13) – C(14)	1.388(4)	C(4) – C(11) – C(7)	101.1(2)
C(14) – C(15)	1.392(5)	C(12) – C(11) – C(7)	115.0(3)
C(15) – C(16)	1.380(5)	C(4) – C(11) – C(23)	112.9(3)
C(16) – C(17)	1.390(4)	C(12) – C(11) – C(23)	101.2(2)
C(17) – C(18)	1.471(4)	C(7) – C(11) – C(23)	114.8(3)
C(18) – C(19)	1.388(4)	C(13) – C(12) – C(17)	122.0(3)
C(18) – C(23)	1.395(4)	C(13) – C(12) – C(11)	127.2(3)
C(19) – C(20)	1.387(5)	C(17) – C(12) – C(11)	110.7(3)
C(20) – C(21)	1.384(5)	C(12) – C(13) – C(14)	117.9(3)
C(21) – C(22)	1.387(4)	C(13) – C(14) – C(15)	121.3(3)
C(22) – C(23)	1.376(4)	C(13) – C(14) – I(1)	118.3(2)
		C(15) – C(14) – I(1)	120.3(2)
		C(16) – C(15) – C(14)	119.9(3)
		C(15) – C(16) – C(17)	119.9(3)
		C(16) – C(17) – C(12)	119.0(3)
		C(16) – C(17) – C(18)	132.3(3)
		C(12) – C(17) – C(18)	108.6(3)
		C(19) – C(18) – C(23)	119.3(3)
		C(19) – C(18) – C(17)	132.1(3)
		C(23) – C(18) – C(17)	108.6(3)

表 2-5　化合物 IPASBF 的主要键长和键角数据

I(1) – C(14)	2.102(4)	C(1) – N(1) – C(5)	115.0(4)
N(1) – C(1)	1.337(8)	C(6) – N(2) – C(10)	113.9(4)
N(1) – C(5)	1.339(6)	C(24) – N(3) – C(30)	121.0(4)
N(2) – C(6)	1.336(6)	C(24) – N(3) – C(21)	118.9(3)
N(2) – C(10)	1.351(7)	C(30) – N(3) – C(21)	118.9(4)
N(3) – C(24)	1.411(6)	N(1) – C(1) – C(2)	124.7(5)
N(3) – C(30)	1.411(6)	C(1) – C(2) – C(3)	120.0(5)
N(3) – C(21)	1.438(5)	C(4) – C(3) – C(2)	116.6(4)
C(1) – C(2)	1.371(8)	C(3) – C(4) – C(5)	119.3(4)
C(2) – C(3)	1.386(7)	C(3) – C(4) – C(11)	129.6(4)
C(3) – C(4)	1.381(6)	C(5) – C(4) – C(11)	111.0(4)
C(4) – C(5)	1.392(6)	N(1) – C(5) – C(4)	124.3(4)
C(4) – C(11)	1.525(6)	N(1) – C(5) – C(6)	127.3(4)
C(5) – C(6)	1.471(7)	C(4) – C(5) – C(6)	108.4(4)
C(6) – C(7)	1.391(6)	N(2) – C(6) – C(7)	125.6(4)
C(7) – C(8)	1.390(6)	N(2) – C(6) – C(5)	125.9(4)
C(7) – C(11)	1.524(5)	C(7) – C(6) – C(5)	108.4(4)
C(8) – C(9)	1.394(7)	C(8) – C(7) – C(6)	118.7(4)
C(9) – C(10)	1.360(8)	C(8) – C(7) – C(11)	130.2(4)
C(11) – C(23)	1.534(5)	C(6) – C(7) – C(11)	111.1(4)
C(11) – C(12)	1.539(5)	C(7) – C(8) – C(9)	116.4(5)
C(12) – C(17)	1.389(6)	C(10) – C(9) – C(8)	120.1(5)
C(12) – C(13)	1.392(6)	N(2) – C(10) – C(9)	125.2(5)
C(13) – C(14)	1.384(6)	C(7) – C(11) – C(4)	101.0(3)
C(14) – C(15)	1.388(6)	C(7) – C(11) – C(23)	114.2(3)
C(15) – C(16)	1.378(6)	C(4) – C(11) – C(23)	112.8(3)
C(16) – C(17)	1.392(6)	C(7) – C(11) – C(12)	114.7(3)

C(17) – C(18)	1.462(6)	C(4) – C(11) – C(12)	113.9(3)
C(18) – C(19)	1.380(6)	C(23) – C(11) – C(12)	100.9(3)
C(18) – C(23)	1.399(5)	C(17) – C(12) – C(13)	121.2(4)
C(19) – C(20)	1.387(6)	C(17) – C(12) – C(11)	110.5(3)
C(20) – C(21)	1.390(6)	C(13) – C(12) – C(11)	128.3(4)
C(21) – C(22)	1.400(6)	C(14) – C(13) – C(12)	117.5(4)
C(22) – C(23)	1.383(5)	C(13) – C(14) – C(15)	122.0(4)
C(24) – C(29)	1.390(6)	C(13) – C(14) – I(1)	119.4(3)
C(24) – C(25)	1.397(6)	C(15) – C(14) – I(1)	118.6(3)
C(25) – C(26)	1.373(7)	C(16) – C(15) – C(14)	119.8(4)
C(26) – C(27)	1.381(8)	C(15) – C(16) – C(17)	119.4(4)
C(27) – C(28)	1.377(9)	C(12) – C(17) – C(16)	120.0(4)
C(28) – C(29)	1.364(7)	C(12) – C(17) – C(18)	109.3(4)
C(30) – C(31)	1.389(6)	C(16) – C(17) – C(18)	130.6(4)
C(30) – C(35)	1.393(7)	C(19) – C(18) – C(23)	119.3(4)
C(31) – C(32)	1.386(7)	C(19) – C(18) – C(17)	131.9(4)
C(32) – C(33)	1.362(8)	C(23) – C(18) – C(17)	108.7(3)
C(33) – C(34)	1.376(8)	C(18) – C(19) – C(20)	119.6(4)
C(34) – C(35)	1.388(7)	C(19) – C(20) – C(21)	121.2(4)
		C(20) – C(21) – C(22)	119.6(4)
		C(20) – C(21) – N(3)	120.6(4)
		C(22) – C(21) – N(3)	119.8(4)
		C(23) – C(22) – C(21)	118.7(4)
		C(22) – C(23) – C(18)	121.6(4)
		C(22) – C(23) – C(11)	127.9(3)
		C(18) – C(23) – C(11)	110.5(3)
		C(29) – C(24) – C(25)	117.8(4)
		C(29) – C(24) – N(3)	121.2(4)
		C(25) – C(24) – N(3)	121.0(4)
		C(26) – C(25) – C(24)	120.6(4)

表 2-6　化合物 DCSBF 的主要键长和键角数据

N(1) – C(5)	1.338(4)	C(5) – N(1) – C(1)	114.6(3)
N(1) – C(1)	1.338(5)	C(10) – N(2) – C(6)	114.2(3)
N(2) – C(10)	1.327(6)	C(35) – N(3) – C(24)	108.6(2)
N(2) – C(6)	1.335(4)	C(35) – N(3) – C(21)	127.8(3)
N(3) – C(35)	1.393(4)	C(24) – N(3) – C(21)	123.7(3)
N(3) – C(24)	1.395(4)	C(36) – N(4) – C(47)	108.7(2)
N(3) – C(21)	1.426(3)	C(36) – N(4) – C(14)	125.1(3)
N(4) – C(36)	1.392(4)	C(47) – N(4) – C(14)	126.2(3)
N(4) – C(47)	1.397(4)	N(1) – C(1) – C(2)	124.5(4)
N(4) – C(14)	1.437(4)	C(1) – C(2) – C(3)	119.7(4)
C(1) – C(2)	1.370(6)	C(4) – C(3) – C(2)	117.7(3)
C(2) – C(3)	1.386(5)	C(3) – C(4) – C(5)	118.0(3)
C(3) – C(4)	1.374(5)	C(3) – C(4) – C(11)	130.8(3)
C(4) – C(5)	1.396(4)	C(5) – C(4) – C(11)	111.2(3)
C(4) – C(11)	1.520(4)	N(1) – C(5) – C(4)	125.4(3)
C(5) – C(6)	1.462(5)	N(1) – C(5) – C(6)	126.5(3)
C(6) – C(7)	1.397(4)	C(4) – C(5) – C(6)	108.0(3)
C(7) – C(8)	1.369(5)	N(2) – C(6) – C(7)	124.8(4)
C(7) – C(11)	1.520(4)	N(2) – C(6) – C(5)	126.2(3)
C(8) – C(9)	1.396(5)	C(7) – C(6) – C(5)	109.0(3)
C(9) – C(10)	1.372(7)	C(8) – C(7) – C(6)	119.1(3)
C(11) – C(23)	1.530(4)	C(8) – C(7) – C(11)	130.3(3)
C(11) – C(12)	1.539(4)	C(6) – C(7) – C(11)	110.5(3)
C(12) – C(13)	1.376(4)	C(7) – C(8) – C(9)	117.1(4)
C(12) – C(17)	1.399(4)	C(10) – C(9) – C(8)	118.6(5)
C(13) – C(14)	1.384(4)	N(2) – C(10) – C(9)	126.1(4)
C(14) – C(15)	1.390(4)	C(7) – C(11) – C(4)	101.2(2)

C(15) - C(16)	1.386(4)	C(7) - C(11) - C(23)	113.9(2)
C(16) - C(17)	1.373(4)	C(4) - C(11) - C(23)	111.4(2)
C(17) - C(18)	1.474(4)	C(7) - C(11) - C(12)	113.9(2)
C(18) - C(23)	1.385(4)	C(4) - C(11) - C(12)	116.1(2)
C(18) - C(19)	1.392(4)	C(23) - C(11) - C(12)	100.9(2)
C(19) - C(20)	1.380(4)	C(13) - C(12) - C(17)	120.5(3)
C(20) - C(21)	1.390(4)	C(13) - C(12) - C(11)	129.1(2)
C(21) - C(22)	1.380(4)	C(17) - C(12) - C(11)	110.4(2)
C(22) - C(23)	1.384(4)	C(12) - C(13) - C(14)	118.6(3)
C(24) - C(25)	1.387(5)	C(13) - C(14) - C(15)	121.1(3)
C(24) - C(29)	1.397(4)	C(13) - C(14) - N(4)	120.7(3)
C(25) - C(26)	1.380(5)	C(15) - C(14) - N(4)	118.2(3)
C(26) - C(27)	1.384(5)	C(16) - C(15) - C(14)	120.0(3)
C(27) - C(28)	1.372(6)	C(17) - C(16) - C(15)	119.0(3)
C(28) - C(29)	1.409(5)	C(16) - C(17) - C(12)	120.7(3)
C(29) - C(30)	1.440(5)	C(16) - C(17) - C(18)	130.6(3)
C(30) - C(31)	1.388(4)	C(12) - C(17) - C(18)	108.7(2)
C(30) - C(35)	1.404(4)	C(23) - C(18) - C(19)	121.1(2)
C(31) - C(32)	1.370(5)	C(23) - C(18) - C(17)	108.7(2)
C(32) - C(33)	1.390(5)	C(19) - C(18) - C(17)	130.1(3)
C(33) - C(34)	1.384(5)	C(20) - C(19) - C(18)	118.2(3)
C(34) - C(35)	1.382(5)	C(19) - C(20) - C(21)	120.6(3)
C(36) - C(37)	1.386(4)	C(22) - C(21) - C(20)	121.0(3)
C(36) - C(41)	1.407(4)	C(22) - C(21) - N(3)	119.8(3)
C(37) - C(38)	1.372(5)	C(20) - C(21) - N(3)	118.8(3)
C(38) - C(39)	1.385(5)	C(21) - C(22) - C(23)	118.7(3)
C(39) - C(40)	1.378(5)	C(22) - C(23) - C(18)	120.3(3)

C(40) - C(41)	1.390(4)	C(22) - C(23) - C(11)	128.2(2)
C(41) - C(42)	1.443(5)	C(18) - C(23) - C(11)	111.3(2)
C(42) - C(43)	1.395(4)	C(25) - C(24) - N(3)	128.7(3)
C(42) - C(47)	1.405(4)	C(25) - C(24) - C(29)	123.0(3)
C(43) - C(44)	1.371(6)	N(3) - C(24) - C(29)	108.4(3)
C(44) - C(45)	1.406(5)	C(26) - C(25) - C(24)	117.0(4)
C(45) - C(46)	1.382(5)	C(25) - C(26) - C(27)	121.4(4)
C(46) - C(47)	1.391(5)	C(28) - C(27) - C(26)	121.5(4)
		C(27) - C(28) - C(29)	118.8(4)
		C(24) - C(29) - C(28)	118.3(4)
		C(24) - C(29) - C(30)	107.7(3)
		C(28) - C(29) - C(30)	134.0(3)

表 2-7　化合物 DPASBF 的主要键长和键角数据

N(1) - C(10)	1.327(3)	C(10) - N(1) - C(6)	114.8(2)
N(1) - C(6)	1.338(3)	C(5) - N(2) - C(1)	114.5(2)
N(2) - C(5)	1.339(3)	C(14) - N(3) - C(24)	123.04(18)
N(2) - C(1)	1.340(3)	C(14) - N(3) - C(30)	120.60(16)
N(3) - C(14)	1.415(3)	C(24) - N(3) - C(30)	116.09(17)
N(3) - C(24)	1.422(3)	C(21) - N(4) - C(36)	119.81(16)
N(3) - C(30)	1.428(3)	C(21) - N(4) - C(42)	118.48(17)
N(4) - C(21)	1.419(3)	C(36) - N(4) - C(42)	118.13(17)
N(4) - C(36)	1.426(3)	N(2) - C(1) - C(2)	124.8(2)
N(4) - C(42)	1.431(3)	C(1) - C(2) - C(3)	119.8(2)

C(1)－C(2)	1.372(4)	C(4)－C(3)－C(2)	117.1(2)
C(2)－C(3)	1.382(3)	C(3)－C(4)－C(5)	119.10(19)
C(3)－C(4)	1.372(3)	C(3)－C(4)－C(11)	129.46(18)
C(4)－C(5)	1.395(3)	C(5)－C(4)－C(11)	111.32(17)
C(4)－C(11)	1.520(3)	N(2)－C(5)－C(4)	124.6(2)
C(5)－C(6)	1.468(3)	N(2)－C(5)－C(6)	127.23(19)
C(6)－C(7)	1.390(3)	C(4)－C(5)－C(6)	108.17(17)
C(7)－C(8)	1.378(3)	N(1)－C(6)－C(7)	124.9(2)
C(7)－C(11)	1.526(3)	N(1)－C(6)－C(5)	126.49(19)
C(8)－C(9)	1.387(3)	C(7)－C(6)－C(5)	108.56(17)
C(9)－C(10)	1.375(4)	C(8)－C(7)－C(6)	118.73(19)
C(11)－C(23)	1.534(3)	C(8)－C(7)－C(11)	129.62(18)
C(11)－C(12)	1.539(3)	C(6)－C(7)－C(11)	111.14(17)
C(12)－C(13)	1.382(3)	C(7)－C(8)－C(9)	117.0(2)
C(12)－C(17)	1.396(3)	C(10)－C(9)－C(8)	119.5(2)
C(13)－C(14)	1.408(3)	N(1)－C(10)－C(9)	124.9(2)
C(14)－C(15)	1.395(3)	C(4)－C(11)－C(7)	100.78(14)
C(15)－C(16)	1.380(3)	C(4)－C(11)－C(23)	115.83(16)
C(16)－C(17)	1.388(3)	C(7)－C(11)－C(23)	108.67(15)
C(17)－C(18)	1.467(3)	C(4)－C(11)－C(12)	112.57(16)
C(18)－C(19)	1.383(3)	C(7)－C(11)－C(12)	118.20(16)
C(18)－C(23)	1.394(3)	C(23)－C(11)－C(12)	101.46(14)
C(19)－C(20)	1.383(3)	C(13)－C(12)－C(17)	121.72(18)
C(20)－C(21)	1.396(3)	C(13)－C(12)－C(11)	128.14(17)
C(21)－C(22)	1.393(3)	C(17)－C(12)－C(11)	109.91(16)
C(22)－C(23)	1.373(3)	C(12)－C(13)－C(14)	118.59(18)
C(24)－C(25)	1.384(4)	C(15)－C(14)－C(13)	119.30(19)
C(24)－C(29)	1.389(3)	C(15)－C(14)－N(3)	120.04(18)
C(25)－C(26)	1.389(4)	C(13)－C(14)－N(3)	120.65(18)
C(26)－C(27)	1.363(5)	C(16)－C(15)－C(14)	121.21(19)

C(27) – C(28)	1.357(5)	C(15) – C(16) – C(17)	119.66(19)
C(28) – C(29)	1.379(4)	C(16) – C(17) – C(12)	119.16(19)
C(30) – C(35)	1.375(3)	C(16) – C(17) – C(18)	131.50(19)
C(30) – C(31)	1.384(4)	C(12) – C(17) – C(18)	109.34(17)
C(31) – C(32)	1.371(4)	C(19) – C(18) – C(23)	119.12(18)
C(32) – C(33)	1.359(5)	C(19) – C(18) – C(17)	132.06(17)
C(33) – C(34)	1.380(5)	C(23) – C(18) – C(17)	108.81(17)
C(34) – C(35)	1.401(4)	C(20) – C(19) – C(18)	119.73(18)
C(36) – C(37)	1.382(3)	C(19) – C(20) – C(21)	120.94(19)
C(36) – C(41)	1.387(3)	C(22) – C(21) – C(20)	119.01(18)
C(37) – C(38)	1.382(4)	C(22) – C(21) – N(4)	119.53(17)
C(38) – C(39)	1.367(4)	C(20) – C(21) – N(4)	121.38(18)
C(39) – C(40)	1.369(5)	C(23) – C(22) – C(21)	119.54(17)
C(40) – C(41)	1.385(4)	C(22) – C(23) – C(18)	121.40(18)
C(42) – C(43)	1.376(3)	C(22) – C(23) – C(11)	127.81(16)
C(42) – C(47)	1.381(3)	C(18) – C(23) – C(11)	110.46(16)
C(43) – C(44)	1.377(3)	C(25) – C(24) – C(29)	118.2(2)
C(44) – C(45)	1.372(4)	C(25) – C(24) – N(3)	123.1(2)
C(45) – C(46)	1.363(4)	C(29) – C(24) – N(3)	118.7(2)
C(46) – C(47)	1.383(4)	C(24) – C(25) – C(26)	119.8(3)
		C(27) – C(26) – C(25)	121.3(3)
		C(28) – C(27) – C(26)	119.0(3)
		C(27) – C(28) – C(29)	121.2(3)
		C(28) – C(29) – C(24)	120.5(3)
		C(35) – C(30) – C(31)	119.9(2)
		C(35) – C(30) – N(3)	121.2(2)
		C(31) – C(30) – N(3)	118.9(2)
		C(32) – C(31) – C(30)	120.6(3)

表 2-8　化合物 DIPAF 的主要键长和键角数据

I(1) – C(10)	2.098(4)	C(1) – N(1) – C(5)	115.1(4)
N(1) – C(1)	1.323(6)	N(1) – C(1) – C(2)	123.7(5)
N(1) – C(5)	1.338(6)	C(1) – C(2) – C(3)	120.1(4)
C(1) – C(2)	1.386(7)	C(4) – C(3) – C(2)	116.8(4)
C(2) – C(3)	1.387(6)	C(5) – C(4) – C(3)	118.3(4)
C(3) – C(4)	1.382(6)	C(5) – C(4) – C(6)	111.4(4)
C(4) – C(5)	1.373(6)	C(3) – C(4) – C(6)	130.3(4)
C(4) – C(6)	1.544(5)	N(1) – C(5) – C(4)	125.9(4)
C(5) – C(5)#1	1.478(8)	N(1) – C(5) – C(5)#1	125.4(2)
C(6) – C(7)	1.533(5)	C(4) – C(5) – C(5)#1	108.7(2)
C(6) – C(7)#1	1.533(5)	C(7) – C(6) – C(7)#1	109.8(5)
C(6) – C(4)#1	1.544(5)	C(7) – C(6) – C(4)#1	114.5(2)
C(7) – C(12)	1.380(6)	C(7)#1 – C(6) – C(4)#1	109.0(2)
C(7) – C(8)	1.394(6)	C(7) – C(6) – C(4)	109.0(2)
C(8) – C(9)	1.388(6)	C(7)#1 – C(6) – C(4)	114.5(2)
C(9) – C(10)	1.366(7)	C(4)#1 – C(6) – C(4)	99.7(5)
C(10) – C(11)	1.359(6)	C(12) – C(7) – C(8)	118.3(4)
C(11) – C(12)	1.399(6)	C(12) – C(7) – C(6)	123.1(4)
		C(8) – C(7) – C(6)	118.6(4)
		C(9) – C(8) – C(7)	121.0(5)
		C(10) – C(9) – C(8)	119.5(5)
		C(11) – C(10) – C(9)	120.7(4)
		C(11) – C(10) – I(1)	120.9(3)
		C(9) – C(10) – I(1)	118.4(4)
		C(10) – C(11) – C(12)	120.4(5)
		C(7) – C(12) – C(11)	120.1(4)

2.3.3 电化学性质

6 种含二苯胺和咔唑取代基的双极化合物的循环伏安图如图 2-12 所示。

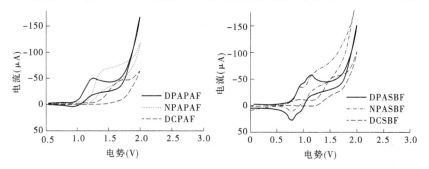

图 2-12 6 种含二苯胺和咔唑取代基的双极化合物的循环伏安图

为了测定这两类双极化合物的最高占有轨道(HOMO)和最低未占轨道(LUMO)以及化合物能带的大小,对六种含有二苯胺和咔唑取代基的双极化合物进行了电化学性质研究。将 6 种化合物配制成 1.0×10^{-3} mol/L 的 DMF 溶液,四丁基高氯酸铵 TBAClO$_4$ 为支持电解质(浓度为 0.1 mol/L),采用三电极体系,工作电极为铂电极,辅助电极为铂丝,参比电极为 AgCl/Ag,在整个测定过中通氮气保护。具体数据如表 2-9 所示。从循环伏安曲线的起始氧化电位 E_{onset},根据公式 $E_{HOMO}(eV) = -(4.7 + E_{onset})$,可得到化合物的最高占有轨道(HOMO);再根据化合物的紫外光谱吸收起始峰位置 λ_{onset},利用公式 $E_g(eV) = 1\ 240/\lambda_{onset}$,计算出不同化合物的能带 $E_g(eV)$;再根据公式 $E_{LUMO}(eV) = E_g - E_{HOMO}$ 计算出化合物的最低未占轨道(LUMO)。如图 2-12 所示,氮杂芴类双极化合物 DPAPAF、NPAPAF、DCPAF 为 0.98 ~ 1.25 V,表现出不可逆的氧化峰;而氮杂螺芴类化合物 DCSBP、DPASBF、NPASBF 在 0.75 ~ 1.10 V 表现出可逆的氧化,而且三者都出现两个可逆的氧化电位峰。有文献报道:二个氧化峰之间的差别说明了阳离子能够在这种取代基团上离域,这说明了此类化合物有很好的空穴传输能力。

一般来说,HOMO 主要分布在富电子的基团上,对于这类的体系来说,就是苯胺和咔唑这些基团;而 LUMO 则主要分布在缺电子的基团上,如 4,5 - 二氮杂螺芴。对于 HOMO 能级来说,可以发现取代基团共轭的大小对其有很明显的影响,当离域电子增加时,HOMO 能级呈升高的趋势,这与类似化合物的文献报道是一致的。同时还发现,与氮杂螺芴类衍生物相比,非联苯氮杂芴衍生物的 HOMO 轨道能级普遍较低,且能带隙较宽,这与它们的共轭程度不如双螺芴类化合物有关。DCSBF 能带隙较大则可能是由于咔唑环平面与芴环平面之间的扭曲角较大（从前面所描述的 DCSBF 的晶体结构可以看出），使分子中电子的离域程度减小所致。

表 2-9　6 种化合物电化学性质数据

化合物	E_{onset}^{oxd} (V)	$E_{HOMO}[a]$ (eV)	$E_{LUMO}[a]$ (eV)	$E_g[a]$ (eV)
DPAPAF(4)	1.16	−5.96	−2.74	3.22
NPAPAF(5)	0.98	−5.78	−2.68	3.10
DCPAF(6)	1.25	−5.95	−2.74	3.21
DPASBF(10)	0.75	−5.55	−2.50	3.05
NPASBF(11)	0.76	−5.56	−2.61	2.95
DCSBF(12)	1.10	−5.80	−2.45	3.35

2.3.4　前线轨道计算机模拟

为获得化合物的电子结构分布，利用高斯程序的密度泛函理论，运用 B3LYP 机组对化合物的电子结构进行了模拟计算。化合物的最优化空间构型和电子云在 HOMO 和 LUMO 上的分布如表 2-10 所示。化合物的 HOMO 均分布在二苯胺，萘苯胺和咔唑这些取代基上，而 LUMO 则分布在 4,5 - 二氮杂螺芴上，可以看出 sp^3 - C 阻碍了 π 电子在整个分子中的流动，空穴和电子可以有各自的传输路径，这样的电荷分离情况说明了这些化合物具有很好的双极传输的潜质，这与设计这些材料的初衷是一致的。由电子云密度图可以看到，这两个系列的化合物的 LUMO 的电荷分布虽然很类似，但是非联苯氮杂芴系列和螺二芴系列的 HOMO 的电荷分布还是有细微差别的，螺二芴系列的化合物电荷更加明显地向分子中间的联苯环集中，共轭的增大提高了 HOMO 能级，如有同样取代基团的 4 和 10 相比（不考虑取代基位置的影响，因为 4 的两个取代基之间是没有共轭的，所以取代基的取代位置的影响不会太大），前者的 HOMO 能级（−5.96 eV）明显低于后者（−5.55 eV），剩余的其他化合物也有此规律，并且这个规律也能够从循环伏安的数据中得到印证。这样的规律对于设计此类化合物是很重要的，因为合适的 HOMO 能级能够提高空穴的注入和传输性能，从而提高主体材料的 EL 性能。当然也可以从优化过的结构看到，所有化合物的结构都具有扭曲的空间结构，这与我们预想的结果是一致的。

表 2-10 化合物电子云图和计算出的 HOMO 和 LUMO 轨道能级

化合物	电子云图(E_{HOMO}, eV)		电子云图(E_{LUMO}, eV)		E_g
DPAPAF4		(−5.62)		(−2.15)	3.47
NPAPAF5		(−5.44)		(−2.10)	3.34
DCPAF6		(−5.65)		(−2.22)	3.43
DPASBF10		(−5.07)		(−1.86)	3.21
NPASBF11		(−5.11)		(−2.16)	3.27
DCSBF12		(−5.72)		(−2.34)	3.38

CBP 是最常用的 OLED 磷光主体材料,它的 HOMO/LUMO 能级分别为 −5.90/−2.90 eV,能带宽度为 3.0 eV。与 CBP 相比,表 2-9 中所列出的 6 种双极化合物的 HOMO 能级在 −5.96 ~ −5.55 eV,多数化合物的 HOMO 能级比 CBP 的 HOMO 能级高,更有利于空穴从空穴传输层进入发光层(常用空穴传输材料 NPB 和 TPD 的 HOMO 能级分别为 5.40 eV 和 5.70 eV),提高主体材料的性能。

2.3.5 紫外吸收和荧光光谱

所有化合物的紫外可见吸收测试都是在 THF 溶液（浓度为 1×10^{-5} M）中进行测定的,如图 2-13 和表 2-11 所示。

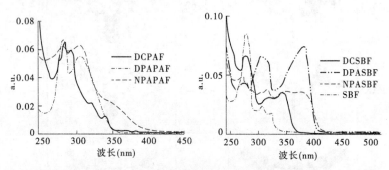

图 2-13　6 种主体材料的紫外可见吸收光谱

表 2-11　6 种化合物的紫外可见吸收光谱数据

化合物名称	紫外吸收 λ_{abs}（最大吸收峰 $\lambda_{abs-max}$）（nm）
DPAPAF	254 – 291（281）, 291 – 360（304）;
NPAPAF	253 – 280（280）, 280 – 335（304）, 335 – 425（343）;
DCPAF	266 – 315（283 及肩峰 274 和 292）, 320, 339;
SBF	252 – 292（278）, 291 – 393（306 及肩峰 295 和 322）;
DPASBF	261 – 290（278）, 290 – 328（316 及肩峰 306）, 328 – 413（381 及肩峰 357）;
NPASBF	255 – 297（271）, 297 – 327（317 及肩峰 306）, 327 – 422（349, 381）;
DCSBF	266 – 301（275, 280）, 301 – 326（322 及肩峰 311）, 392 – 398（344）

6 种化合物在 270～400 nm 的范围有较强的吸收,其中 DPAPAF 和 NPA-PAF 有很类似的吸收峰,280 nm 左右的吸收峰为 4,5 – 二氮杂芴的电子跃迁,304 nm 左右的吸收峰则归属于三苯胺和萘苯胺基团的 π – π* 吸收,而且由于萘苯胺基团共轭较大,其在 343 nm 处还有一个较宽的吸收峰。DCPAF 在吸收峰 280 nm 左右的强吸收峰也主要归属于 4,5 – 二氮杂芴电子跃迁,在292 nm 处的吸收峰可能是咔唑基团的电子跃迁峰,因为较弱的给电子能力,使其与 DPAPAF 和 NPAPAF 相比发生了蓝移。

对于 4,5 – 二氮杂螺芴系列的化合物来说,与未取代的氮杂螺芴紫外吸收对比,可以看出位于 280 nm 处的强吸收带和 300～325 nm 的两个小肩峰主要为 4,5 - 二氮杂芴的 $\pi - \pi^*$ 和 $n - \pi^*$ 跃迁。而 327 ~ 422 nm 的强吸收峰主要为取代基团的 $\pi - \pi^*$ 跃迁,随着取代基共轭的增加,吸收峰变宽,吸收强度增加。

因为主体材料成膜后的状态对电致发光器件的性能有很大影响,所以对比了这 6 个化合物在成膜状态下与极稀溶液和固体状态的荧光光谱。通过图 2-14 和表 2-5 发现,该类化合物的发光主要来源于给电子基团在长波区的

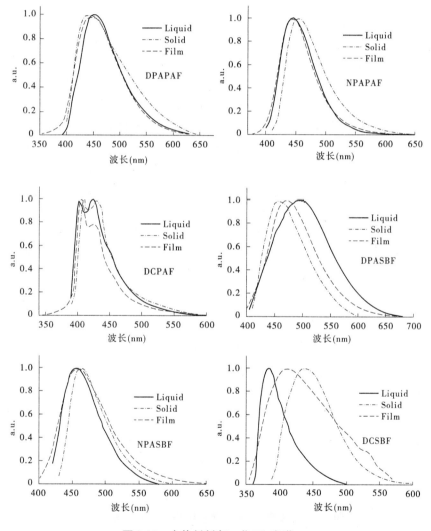

图 2-14　主体材料归一化 PL 光谱

吸收跃迁,激发峰的位置在360~405 nm(溶液中)。非联苯4,5-二氮杂芴系列的化合物成膜后与溶液中的荧光光谱基本一致,DCPAF在425 nm处出现有精细结构的发光峰,而DPAPAF和NPAPAF发射峰位置较相似,均在460 nm附近出现一宽的荧光峰,这说明了它们成膜后分子是一个无定形的堆积状态。NPAPAF的固体状态可能存在一定的ππ作用,其固体荧光光谱出现了明显的红移。而4,5-二氮杂螺二芴系列的化合物荧光光谱在不同状态下变化较大,DPASBF在成膜状态下与极稀溶液状态下的发光光谱与固体发光光谱相比发生了明显红移,分别红移至475 nm和500 nm,而且溶液的发光谱带明显变宽,刚性较大的氮杂螺二芴内核的存在可能是引起这种变化的主要因素。与DPASBF相反,DCSBFA在成膜状态下和固体状态下的发光谱带与溶液的发光谱带相比发生明显红移,三者的最大发光位置分别为395 nm、425 nm、450 nm,这种现象与分子在膜状态和固体状态下的分子之间的聚集有关。

对于掺杂型的OLED器件,主体材料的三线态能级对器件的性能影响很大。一般来讲,主体材料较高的三线能级(E_T)可以防止客体磷光材料的三线态回传,能够提高OLED的性能。图2-15为这6个化合物的低温磷光光谱,所有化合物的磷光光谱与荧光光谱相比都发生了红移。根据磷光光谱起始值,计算出了三线态能级,如表2-12所示。其中,DPAPAF、DCPAF和DCSBF有较高的三线态能级,分别为2.76 eV、2.81 eV和2.59 eV,如常用的绿色磷光材料Ir(ppy)$_3$的三线态能级为2.4 eV,这三个化合物的三线态能级较Ir(ppy)$_3$的三线态能级要高出很多,可以有效地防止三线态能量回传造成的器件性能的下降,由此预测有较高三线态能级的这三个化合物作为主体材料将会有较好的EL性能。

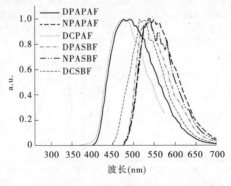

图2-15　化合物77 K时在THF中的三线态磷光发射

表 2-12　主体材料的荧光和磷光光谱数据

化合物	λ_{max} (nm) (r. t.)			λ_{max} (nm) (77K) (THF, 10^{-4}M)	E_T (Triplet level) (eV)
	solid	Liquid (THF, 10^{-4}M)	Film		
DPAPAF(4)	439.3	452.1	447	449	2.76
NPAPAF(5)	454.3	443.2	443	520	2.38
DCPAF(6)	409.7, 430.7	402.5 426.3	405 427	440	2.81
DPASBF(10)	456.8	495.2	471	519	2.38
NPASBF(11)	462.1	455.5	458	514	2.41
DCSBF(12)	437.6	383.4	410	477	2.59

2.3.6　荧光量子效率

化合物的量子效率如表 2-13 所示,发现第一系列的化合物量子效率普遍低于第二系列的化合物,这可能是以为第二系列化合物有更大的共轭平面的原因,因为分子有较大的平面有利于荧光发射,而第一系列的化合物由于其在4,5 - 二氮杂芴的 9 位碳的 sp^3 杂化轨道使母核 4,5 - 二氮杂芴与取代基团相连接,这样的连接方式使取代基团有一定的柔性,容易产生振动弛豫等非辐射方式,从而使荧光量子效率降低。但是,NPAPAF 和 NPASBF 的量子效率是这两个系列化合物中最高的,分别为 0.13 和 0.10,原因是它们的取代基中都有量子产率较高的萘环取代基团,这样的基团能够提高量子效率。同时,由于DCSBF 的咔唑取代基有较大的刚性,所以其量子效率也相对较高。

表 2-13　化合物量子效率

化合物	积分面积	紫外吸收强度	折射率	量子效率
DPAPAF	6 399 590	0.054 6	1.407	0.026
NPAPAF	33 469 895	0.057 5	1.407	0.136
DCPAF	7 603 345	0.046 8	1.407	0.031
DPASBF	9 427 525	0.055 1	1.407	0.038
NPASBF	24 502 225	0.035 6	1.407	0.100
DCSBF	29 653 100	0.041 9	1.407	0.121
SBF	2 019 090	0.047 9	1.407	0.008
硫酸奎宁	149 979 425	0.035 6	1.333	0.55

2.3.7 热稳定性

通过热重分析(TGA)来考察这几个主体材料的热稳定性,TGA 的数据显示这几个化合物的热分解温度(T_d:为热失重为 5% 时的温度)在 400 ℃ 左右,跟未取代的螺芴 SBF(T_d:265.10 ℃)相比较,取代的螺芴衍生物都有较高的 T_d,取代基对于化合物的热稳定性能有较大的影响,并且咔唑取代的如 DCPAF(T_d:439.70)和 DCSBF(T_d:452.33)有较高的热分解温度。因为在 OLED 发光过程中会产生焦耳热,所以高的 T_d 值对于 OLED 的寿命有特别重要的意义。我们通过热差扫描法得到了化合物的熔点,具体数据如表 2-14、图 2-16所示。

表 2-14　化合物热重分析及差热分析数据

温度	DPAPAF	NPAPAF	DCPAF	DPASBF	NAPSBF	DCSBF	SBF
T_d(℃)	405.42	437.50	439.70	397.38	408.84	452.33	265.10
T_m(℃)	288.62	224.32	203.90	282.71	286.68	250.94	253.40

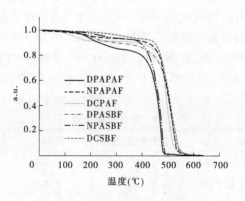

图 2-16　化合物 TGA 图

2.3.8 电致发光性质

2.3.8.1 绿色磷光器件

利用绿色磷光材料 Ir(ppy)$_3$ 作为客体材料,初步表征了所有化合物作为主体材料的 EL 性能。

器件结构：

Device A：NPB（30 nm）/Ir（ppy）$_3$：DPAPAF = 10%（30 nm）/TPBI（30 nm）/LiF/Al

Device B：NPB（30 nm）/Ir（ppy）$_3$：NPAPAF = 10%（30 nm）/TPBI（30 nm）/LiF/Al

Device C：NPB（30 nm）/Ir（ppy）$_3$：DCPAF = 10%（30 nm）/TPBI（30 nm）/LiF/Al

Device D：NPB（30 nm）/Ir（ppy）$_3$：DPASBF = 10%（30 nm）/TPBI（30 nm）/LiF/Al

Device E：NPB（30 nm）/Ir（ppy）$_3$：NPASBF = 10%（30 nm）/TPBI（30 nm）/LiF/Al

Device F：NPB（30 nm）/Ir（ppy）$_3$：DCSBF = 10%（30 nm）/TPBI（30 nm）/LiF/Al

所用器件(见图 2-17)均为三明治夹心式的三层器件结构,NPB 和 TPBI 分别作为空穴传输材料和电子传输材料;发光层为我们合成的 6 个化合物作为主体材料以及绿色磷光材料 Ir(ppy)$_3$ 作为客体材料组成,掺杂浓度都是 10%;ITO 和 Al/LiF 分别作为阳极和阴极;三层有机层厚度均为 30 nm。

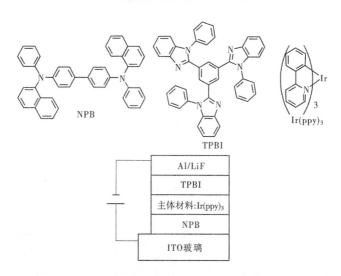

图 2-17　器件所用材料及器件结构示意图

由图 2-18 和表 2-15 可以看到,这 6 个器件的开启电压(器件亮度为 1 cd/m^2 时的电压)较低,除了器件 D 的开启电压达到了 6.4 V,其他几个器件的开启电压均在 5 V 左右。有较低启亮电压说明器件的载流子容易由阴极和阳极传输到发光中心使器件发光,这可能是由于主体材料的双极传输性能,使得载流子更容易被传输到发光中心;另外还有一个原因是各个有机层之间的能级差,由器件的能级图 2-19 可以看到,DPASBF 的 LUMO 能级与 TPBI 的能垒为 0.2 eV,这个能级在这几个器件中是最大的,(当然,DCPAF 的 LUMO 与 TPBI 的能垒也达到了 0.22 eV,但是由于客体材料与 TPBI 的能垒较小,电子可以由客体材料直接捕获,从而减小功能层能垒的影响),而其他器件的 LUMO 能垒较小,更利于电子的注入,所以启亮电压相对较低。由于空穴在 OLED 中的数量是电子的两个数量级,所以在此不考虑 HOMO 能垒的影响。

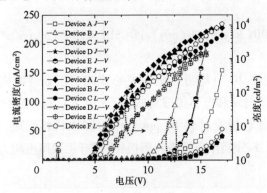

图 2-18　化合物作为主体材料的电流
密度—电压(J—V)和亮度—电压(L—V)图

表 2-15　器件的 EL 性质数据

器件	开启电压 (V)	最大亮度 (cd/m^2)	最大效率 η_c, η_p (cd/A, lm/W)	亮度为 500 cd/m^2 的效率 η_c, η_p (cd/A, lm/W)
Device A	4.3	8 246.2	22.62, 8.80	21.55, 6.77
Device B	4.7	1 899.1	2.78, 0.91	2.27, 0.64
Device C	4.8	9 353.8	14.93, 5.20	13.72, 3.59
Device D	6.4	1 556.9	6.04, 2.50	2.78, 0.67
Device E	5.6	1 314.5	2.36, 0.90	1.19, 0.27
Device F	5.3	24 123.0	40.83, 21.22	36.69, 10.02

由图 2-18 中器件的亮度—电压可以看到,器件 A、B、C 的亮度分别为 8 246.2 cd/m² 、1 899.1 cd/m² 和 9 353.8 cd/m² ,器件 D、E 和 F 的亮度分别为 1 556.9 cd/m² 、1 314.5 cd/m² 和 24 123.0 cd/m² 。其中,器件 A、C 和 F 的亮度较高,这可能是由于用于这三个器件的主体材料有较高的三线态能级的原因造成的。DPAPAF、DCPAF 和 DCSBF 的三线态能级分别为 2.76 eV、2.81 eV 和 2.59 eV,而客体材料 Ir(ppy)₃ 的三线态能级为 2.42 eV,主体材料较高的三线态能级能防止客体材料的三线态激子能量的回传给主体材料造成的能量损失,由于三线态激子数量在电激发的激子数量中所占比例较大(75%),所以主体材料高的三线态能级能够增加器件的亮度。同时,器件 B、D 和 E 的亮度较差,用于这三个器件的主体材料 NPAPAF、DPASBF 和 NPASBF 的三线态能级较低,分别为 2.38 eV、2.38 eV 和 2.41 eV,与 Ir(ppy)₃ 的三线态能级为 2.42 eV 很接近,由于三线态能垒较小,容易造成三线态激子的回传给主体材料,造成了比较大的能量的损失,使器件亮度降低。三线态能级的差别也影响了器件的效率,由图 2-20,器件的效率—电流曲线显示,器件 A、C 和 F 的效率也是最高的,电流效率分别为 22.62 cd/A、14.93 cd/A 和 40.83 cd/A,相应的能量效率为 8.80 lm/W、5.20 lm/W 和 21.22 lm/W。而器件 B、D 和 E 的效率则较差,电流效率分别为 2.78 cd/A、6.04 cd/A 和 2.36 cd/A,相应的能量效率分别为 0.91 lm/W、2.50 lm/W 和 0.90 lm/W。

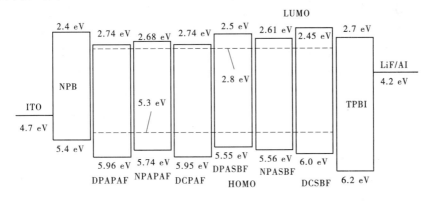

图 2-19 器件能级结构示意图(虚线部分代表 Ir(ppy)₃ 能级)

在表 2-15 中,我们还对比了器件在亮度为 500 cd/m² 的效率,我们发现所有器件随着电压的升高,效率的滑落是比较缓慢的,这说明了这 6 个化合物有很好的双极传输能力,使得即使在较高的电压下,有效的载流子传输很大程度阻碍了三线态之间的淬灭效应,尽管这几个器件的亮度和效率有一定差别,但是由于主体材料优秀的载流子传输能力,使得激子被限制在发光层,提高了器件的寿命和稳定性。

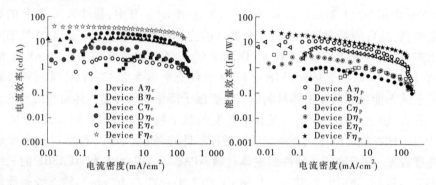

图 2-20 化合物作为主体材料的电流效率(η_c)和功率效率(η_p)图

由图 2-21 可以看到,器件 A、C 和 F 有较纯的绿光发射,色坐标都为(0.33,0.61),是典型的绿光材料 Ir(ppy)$_3$ 的特征峰,并且随着电压的升高,器件的光谱图中没其他峰的出现,说明了器件有很好的载流子平衡,激子的形成都集中在发光层内,证明合成的材料有很好的双极传输能力。而器件 B、D和 E 都不同程度地出现了主体材料的发射峰,并且随着电压的增大,这些峰强度逐渐增加,三线态能量的回传可能是导致这些主体材料特征峰出现的原因之一。对于掺杂体系的有机电致发光器件,可以有两种能量传递方式,激子捕获和 Förster 能量转移理论。对于激子捕获理论,主要考虑的是主体材料和客体材料 HOMO 和 LUMO 的能级匹配,主体材料带隙要求比客体的带隙宽,这样有利于激子的传递和捕获,如图 2-19 所示的能带图中 DPAPAF 和 DCSBF就有比较宽的带隙,激子的捕获能力相应要好;而 Förster 能量转移主要针对单线态能量传递,要求客体的吸收光谱能与主体材料的发射光谱有较大的重叠,对于我们的体系来说,客体 Ir(ppy)$_3$ 的吸收光谱在 420 nm 左右,而主体材料的 DPASBF 和 NAPSBF 的荧光光谱在 450 nm,所以这两个化合物的 Förster能量转移与其他化合物相比较不是太理想,导致了主体材料的特征峰的出现,同时也影响了器件的性能。

2.3.8.2 蓝色荧光器件

由于 NPAPAF、NPASBF 和 DCSBF 这三个化合物有较高的荧光量子产率,较好的双极传输能力,以及扭曲的分子构型,适合作为发光材料制备不掺杂的器件,所以我们制备了基于这三个化合物的不掺杂的器件,器件基本结构分别为:

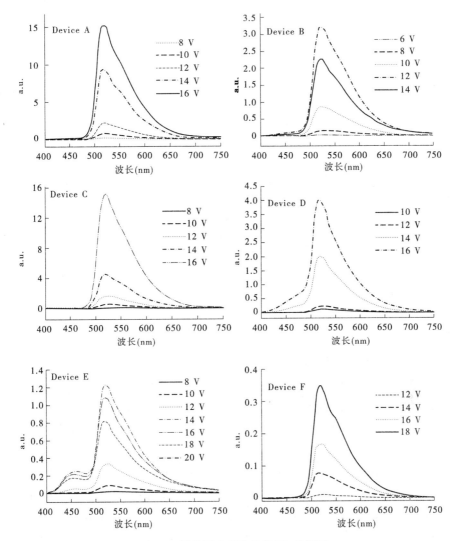

图 2-21　器件随电压变化的 EL 光谱图

Device G：NPB（30 nm）／ NPAPAF（30 nm）/TPBI（30 nm）/LiF/Al；

Device H：NPB（30 nm）／ NPASBF（30 nm）/TPBI（30 nm）/LiF/Al；

Device I：NPB（30 nm）／ DCSBF（30 nm）/TPBI（30 nm）/LiF/Al。

图 2-22 为三个器件随电压变化的光谱图，这几个器件的 EL 光谱都在蓝光范围内，器件 G、H 和 I 的最大发射峰波长分别约为 450 nm、457 nm 和 440 nm。我们发现随着电压的升高，基于这些双极蓝光材料的器件的发光颜色没

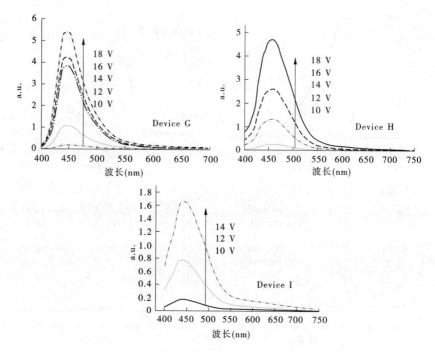

图 2-22　蓝光器件随电压变化的 EL 光谱图

有太大变化,表现在两个方面:第一,最大发射位置随着电压的升高没有明显的红移或者蓝移,如器件 G 在 10 V 和 18 V 的最大发射峰分别为 449 nm 和 450 nm,器件 H 在 10 V 和 18 V 的最大发射峰分别为 456 nm 和 456 nm,器件 I 在 10 V 和 18 V 的最大发射峰分别为 441 nm 和 440 nm;第二,发光光谱的半峰宽随着电压的升高没有变宽,如器件 G 在 10 V 和 18 V 的光谱半峰宽分别为 54 nm 和 54 nm,器件 H 在 10 V 和 18 V 的光谱半峰宽分别为 74 nm 和 76 nm,器件 I 在 10 V 和 14 V 的光谱半峰宽分别为 81 nm 和 94 nm。同时,由于器件 G 的半峰宽较窄,它的发光纯度是最好的,器件在较高电压下色坐标依旧保持在深蓝光范围内,如在 16 V 和 18 V 时器件 G 的色坐标(CIE)分别为(0.15,0.10)和(0.16,0.10)。在器件 I 中,除主要的发射峰外,我们还可以观察到一个在 600 nm 左右的尾巴峰,由于器件所用的材料没有在波长为 600 nm 左右的发光,我们推测这个发射峰可能是由于激基复合物或者激基缔合物造成的。这三个器件的 EL 光谱图都与其相应三个化合物的 PL 光谱基本相符,没有出现其他功能材料的发光,说明由于使用有双极传输能力的化合物作为发光层能够将激子复合区域限制在发光层内,并且随着电压的升高激子复合区域没有改变。

图 2-23 为蓝色发光器件的电致发光性(EL)能图,左边的图是器件的电流—亮度—电压曲线,三个器件的都有较低的启亮电压,器件 G、H 和 I 的启亮电压分别约为 5.5 V、7 V 和 6.5 V,较低的启亮电压说明由于这些化合物较好的双极传输能力,使以这些化合物作为不掺杂的器件有很好的载流子传输能力,使这三个器件有较低的启亮电压。三个器件中器件 G 的亮度最高,如表 2-16 所示,其最大亮度在 14 V 达到了 1 625.8 cd/m²;图 2-23 右边的图为

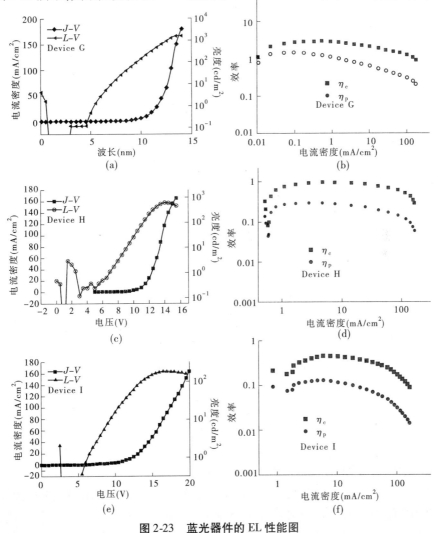

图 2-23 蓝光器件的 EL 性能图

效率—电流密度曲线,器件 G 依然有最高的效率,如表 2-16 所示,在电流密度为 5.29 mA/cm² 时,器件最大效率为 2.96 cd/A 和 1.43 lm/W,在亮度为 100 cd/m² 时,器件的电流效率达到了 1.8 cd/A。这三个器件在较高电压下的效率滑落都比较缓慢,说明由于分子的扭曲构型,减小了分子间相互作用,同时也减小了发光分子在激发态由于相互碰撞造成的淬灭效应。这个结果在不掺杂的深蓝色发光器件中是比较优秀的,同时也证明了 NPAPAF 有作为深蓝色发光材料的潜质,如果器件再进一步优化,应该会得到更好的结果。

表 2-16　蓝光器件电致发光性能数据列表

器件	CIE (x, y) at 18 V	启亮电压 (V)	最大亮度 (cd/m²)	$\eta_{c,max}$ (cd/A)	$\eta_{p,max}$ (lm/W)
Device G	(0.16, 0.10)	5.5	1 625.8	2.96	1.47
Device H	(0.15, 0.13)	7.0	608.0	0.99	0.30
Device I	(0.18, 0.15)	6.5	180.7	0.46	0.13

注:CIE 表示色坐标,$\eta_{c,max}$ 和 $\eta_{p,max}$ 分别表示最大电流效率和最大功率效率。

2.4　小　结

在本章中我们合成了六个新颖的目标化合物,并通过核磁、质谱和元素分析对其结构进行了表征,并进一步用单晶衍射仪对得到的四个中间产物和两个目标产物的晶体结构进行确认,发现此类双极分子的两类共轭平面之间都存在明显的扭曲,这样的结构特征使此类化合物容易形成无定形的薄膜状态,这对于有机电致发光材料,特别是主体材料来说是很重要的性质。

对这六个化合物的循环伏安测定以及高斯软件的模拟计算结果表明:六种化合物作为基质材料都具有较合适的 HOMO 和 LUMO 能级和宽带隙。与传统基质材料 CBP(HOMO/LUMO = −5.90/−2.90 eV)相比,六种双极化合物的 HOMO 能级为 −5.96 ~ −5.55 eV,多数化合物的 HOMO 能级比 CBP 的 HOMO 能级高,更有利于空穴的注入和传输,而且较宽的带隙使它们更适合作为主体材料;化合物的 HOMO 和 LUMO 电子云分布情况说明了此类化合物有很好的电荷分离效果,电子和空穴都有各自的基团进行传输,是很好的双极基质材料。

从这六个化合物的光物理性质来看,由 sp^3 杂化碳连接的此类双极化合物在紫外区 270~400 nm 有较强的吸收,而该类化合物位于 425~460 nm 处的发光则主要来源于给电子基团在长波区的吸收跃迁。由于发光谱带在蓝光区,NPAPAF、NPASBF 和 DCSBF 三种发光量子效率较高的化合物有可能成为有潜在应用价值的蓝光材料。

对六个化合物作为主体材料时的 OLED 性能研究发现:它们作为主体材料时都显示出较好的双极传输的能力。当以 Ir(ppy)$_3$ 为客体材料时,器件都有较高的亮度和效率,并且随电压的升高器件效率的滑落较为缓慢,说明了这六个化合物都是较优秀的主体材料,其中,化合物 DPAPAF、DCPAF 和 DCSBF 作为主体材料的器件性能最为优秀,亮度分别达到了 8 246.2 cd/m^2、1 899.1 cd/m^2 和 24 123.0 cd/m^2,电流效率分别为 22.62 cd/A、14.93 cd/A 和 40.83 cd/A,相应的能量效率为 8.80 lm/W、5.20 lm/W 和 21.22 lm/W。这个结果与现在的文献中相比较属于较为优秀的结果之一,这只是一个初步的结果,相信通过器件的进一步优化,会得到更为理想的结果。

进一步研究了它们作为发光材料应用于 OLED,以 NPAPAF、NPASBF 和 DCSBF 这三个化合物为发光中心制备了的不掺杂的器件,结果表明,由于分子构型的扭曲,使分子间不易发生堆积,以 NPAPAF、NPASBF 和 DCSBF 为发光材料的器件有较高的亮度和效率,电致发光光谱范围与光致发光光谱基本一致,色坐标范围在蓝光的区域。

参考文献

[1] Chaskar A, Chen H – F, Wong K – T. Bipolar host materials: A chemical approach for highly efficient electrophosphorescent devices[J]. Adv Mater, 2011, 23: 3876-3895.

[2] Xia H, Li M, Lu D, et al. Host selection and configuration design of electrophosphorescent devices[J]. Adv Func Mater, 2007, 17: 1757-1764.

[3] Kim J H, Liu M S, Jen A K-Y, et al. Bright red-emitting electrophosphorescent device using osmium complex as a triplet emitter[J]. Appl Phy Lett, 2003, 83: 776-778.

[4] Lamansky S, Kwong R C, Nugent M, et al. Molecularly doped polymer light emitting diodes utilizing phosphorescent pt(ii) and ir(iii) dopants[J]. Org Electron, 2001, 2: 53-62.

[5] Zhao Z, Li J H, Lu P, et al. Fluorescent, carrier-trapping dopants for highly efficient single-layer polyfluorene leds[J]. Adv Func Mater, 2007, 17: 2203-2210.

[6] Ono K, Yanase T, Ohkita M, et al. Synthesis and properties of 9,9′-diaryl-4,5-di-azafluorenes. A new type of electron-transporting and hole-blocking material in el device [J]. Chemistry Letters, 2004, 33: 276-277.

[7] Plater M J, Kemp S, Lattmann E. Heterocyclic free radicals. Part 1. 4,5-diazafluorene de-rivatives of koelsch's free radical: An EPR and metal-ion complexation study[J]. Journal of the Chemical Society, Perkin Transactions 1, 2000:971-979.

[8] Krasnokutskaya E, Semenischeva N, Filimonov V, et al. A new, one-step, effective proto-col for the iodination of aromatic and heterocyclic compounds via aprotic diazotization of a-mines[J]. Synthesis, 2007: 81-84.

[9] Abashev G, Lebedev K, Osorgina I, et al. New 2,7-diiodo-9,9-disubstituted fluorene con-taining tetrathiafulvalene fragments[J]. Russian Journal of Organic Chemistry, 2006, 42: 1873-1876.

[10] Wong K T, Wang Z J, Chien Y Y, et al. Synthesis and properties of 9,9-diarylfluorene-based triaryldiamines[J]. Organic Letters, 2001, 3: 2285-2288.

[11] Wong K-T, Chen H-F, Fang F-C. Novel spiro-configured pet chromophores incorporating 4,5-diazafluorene moiety as an electron acceptor[J]. Organic Letters, 2006, 8: 3501-3504.

[12] Zheng C-J, Ye J, Lo M-F, et al. New ambipolar hosts based on carbazole and 4,5-di-azafluorene units for highly efficient blue phosphorescent oleds with low efficiency roll-off [J]. Chem Mater, 2012, 24: 643-650.

[13] Hung W-Y, Wang T-C, Chiu H-C, et al. A spiro-configured ambipolar host material for impressively efficient single-layer green electrophosphorescent devices [J]. Phys Chem Chem Phys, 2010, 12: 10685-10687.

[14] Hung W-Y, Chi L-C, Chen W-J, et al. A carbazole-phenyl benzimidazole hybrid bipolar universal host for high efficiency rgb and white pholeds with high chromatic stability[J]. J Mater Chem, 2011, 21: 19249-19256.

[15] Luo Y, Aziz H. Correlation between triplet – triplet annihilation and electroluminescence efficiency in doped fluorescent organic light-emitting devices[J]. Adv Func Mater, 2010, 20: 1285-1293.

[16] Gao Z Q, Mi B X, Tam H L, et al. High efficiency and small roll-off electrophosphores-cence from a new iridium complex with well-matched energy levels[J]. Adv Mater, 2008, 20: 774-778.

[17] Zhou G-J, Wong W-Y, Yao B, et al. Multifunctional metallophosphors with anti-triplet-triplet annihilation properties for solution-processable electroluminescent devices[J]. J Mater Chem, 2008, 18: 1799-1809.

[18] Wang S, Zhang J, Hou Y, et al. 4,5-diaza-9,9[prime or minute]-spirobifluorene func-

tionalized europium complex with efficient photo- and electro-luminescent properties[J]. J Mater Chem, 2011, 21: 7559-7561.

[19] Tang S, Li W, Shen F, et al. Highly efficient deep-blue electro luminescence based on the triphenylamine-cored and peripheral blue emitters with segregative homo-lumo characteristics[J]. J Mater Chem, 2012, 22: 4401-4408.

[20] Ahmed E, Earmme T, Jenekhe S A. New solution-processable electron transport materials for highly efficient blue phosphorescent oleds [J]. Adv Func Mater, 2011, 21: 3889-3899.

第3章 金属有机 Cu(Ⅰ)配合物磷光材料的合成和光电性能研究

3.1 研究背景

最近几年,金属有机磷光配合物因其在有机电致发光领域的潜在应用价值引起人们的广泛关注,主要原因是金属有机磷光配合物具有较强的自旋轨道耦合效应,使自旋禁阻的跃迁成为可能,导致单线态到三线态的系间窜越概率增加,使磷光配合物的电致发光的理论内量子效率高达100%。当前研究最多的是基于 Ir(Ⅲ)、Pt(Ⅱ)的金属有机磷光配合物,而由此衍生出的高效的红光、绿光以及白光有机电致发光器件已经被广泛报道。目前,用于 OLED 的磷光材料都是贵金属配合物,如 Pt(Ⅱ)、Ir(Ⅲ)、Os(Ⅱ)、Re(Ⅰ)等的配合物。而对于来源广泛、廉价、无毒的金属有机磷光配合物的报道还较少。

一价铜配合物因其高效、长寿命的磷光发射特征以及其在太阳能转换、生物探针、光学传感、有机电致发光器件等领域的潜在应用吸引了研究者的注意。由于 McMillin 研究组的开创性的研究,使人们对一价铜配合物的结构与发光性能之间的关系有了更深刻的理解。一价铜配合物基态结构一般为四配位的四面体结构,而激发态则会更倾向于采用扭曲的正方形结构,这样的一个平面的结构会增大非辐射跃迁的概率,降低化合物的发光效率和寿命,如果是在溶液中,这样的平面构型很容易使铜离子跟溶剂分子形成激基缔合物,使发光淬灭。在配体的配位点附近引入大的位阻基团可以防止激发态的构型扭曲,能够有效防止激发态失活,从而提高一价铜配合物的发光效率。当然,如果 Cu(Ⅰ)配合物是三配位的,那么铜配合物在激发态的构型变化很小,也能防止非辐射跃迁,增加发光效率。最近 M. E. Thompson 报道的一类三配位的一价铜配合物,其在 PMMA 膜中的发光效率达到了56%,是很有潜在应用价值的发光材料。

目前,基于一价铜配合物的电致发光性能研究还不多,虽然不断地有结构新颖的一价铜磷光配合物出现,但它们的发光性能与 Ir(Ⅲ)和 Pt(Ⅱ)的配合物相比还是有一定的差距。但是由于一价铜配合物相对廉价、环境友好的特点,研究开发性能优良的一价铜磷光配合物将对降低 OLED 的成本及其后续发展产生很重要的影响。

在本章中,我们利用第 2 章中得到的两个系列具有双极传输性能的化合物为配体,合成了系列离子型一价铜磷光配合物和中性一价铜磷光配合物。测试了它们的光物理性质,利用高斯软件模拟了一部分化合物的发光过程,研究了这些化合物的发光机制。重点研究了这些化合物的电致发光性能,希望能从中找到一些规律为后续的研究提供依据。

3.2　实验部分

3.2.1　试剂和药品

三苯基膦(PPh3)、4,5 – 双二苯基膦 – 9,9' – 二甲基氧杂蒽(PEP)、$Cu(BF_4)_2$ 的 45% 水溶液均为国产分析纯,使用前未经提纯处理直接使用。

其他常用试剂均为分析纯,未做提纯处理。

3.2.2　一价铜配合物的合成和表征

本章制备的一价铜磷光配合物可分为两个系列,一种系列为离子型一价铜配合物,共合成了 18 个化合物(其中有四个化合物没有得到),根据所用膦配体的不同分为两种,一种为含三苯基膦的化合物,用简式 $Cu(NN)(PP)BF_4$ 表示;另外一种系列为含 4,5 – 双二苯基膦 – 9,9' – 二甲基氧杂蒽的化合物,用简式 $Cu(NN)(PEP)BF_4$ 表示,为中性一价铜配合物,共合成了 11 个化合物(其中有 2 个化合物没有得到)。其中,以 CuI 和三苯基膦为原料与双极配体反应制备出了 7 种单核配合物、1 个双核和 1 个四核配合物;以 CuBr、CuCl 和三苯基膦为原料与 SBF 反应得到两个化合物 CuBr(SBF)(P) 和 CuCl(SBF)(P)。图 3-1 为配合物的基本结构示意图。

3.2.2.1　离子型一价铜配合物的制备

$[Cu(CH_3CN)_4]·BF_4$ 的制备:500 mL 烧杯中,加入 100 mL 乙腈,$Cu(BF_4)_2$ 的 45% 水溶液 50 mL(0.065 mol),铜粉 16.6 g(0.26 mol),加热回流 2 h 至颜色变为灰色,趁热过滤,滤液立即析出大量白色晶体,冷却后过滤,烘干,得白色晶体 19.4 g,产率 95%。(注意:此物质比较怕水,将其放置在空气中会在几小时内变为液体,所以干燥后应立即放入干燥器中。)

$[DIPAF(PPh_3)_2Cu]BF_4$ 的制备:50 mL 烧杯中加入 20 mL 乙腈,0.28 g

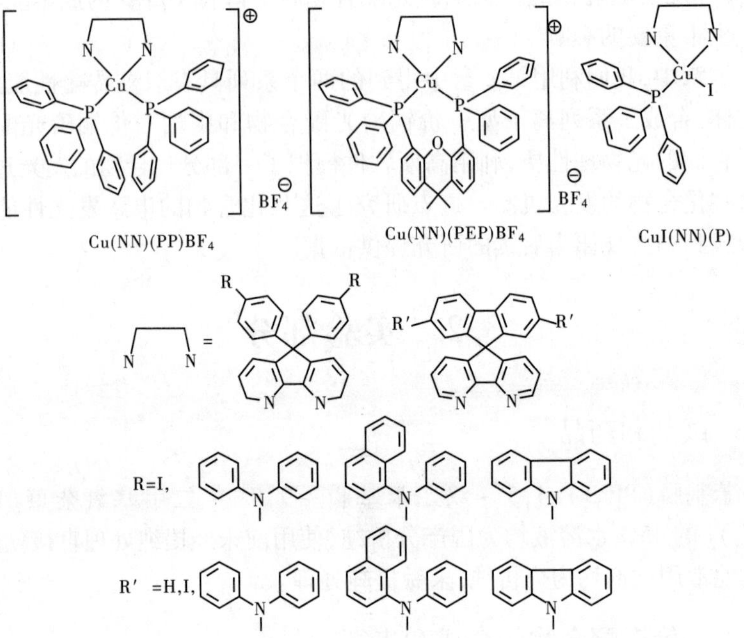

图 3-1　两个系列一价铜配合物基本结构示意图

（0.5 mmol）DIPAF，0.155 g（0.5 mmol）［Cu（CH₃CN）₄］·BF₄，0.26 g（1.0 mmol）PPh₃，常温搅拌 2 h，溶液由悬浊液变为亮黄色澄清溶液，将此溶液旋干后得黄色固体，然后用乙腈重结晶 2 次，得到黄色固体 0.49 g，产率 80%。Molecular Weight：1 247.1. Calcd for $C_{59}H_{44}BCuF_4I_2N_2P_2$（%）：C，56.82；H，3.56；N，2.25. Found：C，56.64；H，3.55；N，2.24. MS：m/z calcd：1 246.04，found 1 246.1。

［DPAPAF（PPh₃）₂Cu］BF₄的制备：制备方法与［DIPAF（PPh₃）₂Cu］BF₄的制备方法相同，得黄色固体 0.50 g，产率 75%。Molecular Weight：1 329.72. Calcd for $C_{83}H_{64}BCuF_4N_4P_2$（%）：C，74.97；H，4.85；N，4.21. Found：C，74.28；H，4.83；N，4.20. MS：m/z calcd：1 328.39，found 1 328.2。

［NPAPAF（PPh₃）₂Cu］BF₄的制备：制备方法与铜配合物合成方法相同，得黄色固体 0.51 g，产率 71%。Molecular Weight：1 429.84. Calcd for $C_{91}H_{68}BCuF_4N_4P_2$（%）：C，76.44；H，4.79；N，3.92. Found：C，76.44；H，4.79；N，3.92. MS：m/z calcd：1 428.42，found：1 428.3。

［DCAF（PPh₃）₂Cu］BF₄的制备：DCPAF溶解度差，未得到配合物。

［SBF(PPh$_3$)$_2$Cu］BF$_4$的制备：制备方法与［DPAPAF(PPh$_3$)$_2$Cu］BF$_4$的制备方法相同，得到黄色固体0.40 g，产率80%。Molecular Weight：993.29. Calcd for C$_{59}$H$_{44}$BCuF$_4$N$_2$P$_2$（%）：C，71.53；H，4.48；N，2.81. Found：C，71.34；H，4.46；N，2.82. MS：m/z calcd：992.23，found：992。

［DISBF(PPh$_3$)$_2$Cu］BF$_4$的制备：制备方法与铜配合物相同，得到绿色晶体0.47 g，产率76%。Molecular Weight：1 245.09. Calcd for C$_{59}$H$_{42}$BCuF$_4$I$_2$N$_2$P$_2$（%）：C，56.91；H，3.40；N，2.25. Found：C，56.91；H，3.40；N，2.25. MS：m/z calcd：1 244.02，found：1 244.0。

［DPASBF(PPh$_3$)$_2$Cu］BF$_4$的制备：制备方法与铜配合物相同，得到黄色固体0.46 g，产率70%。Molecular Weight：1 327.71. Calcd for C$_{83}$H$_{62}$BCuF$_4$N$_4$P$_2$（%）：C，75.08；H，4.71；N，4.22. Found：C，75.08；H，4.71；N，4.22. MS：m/z calcd：1 326.38，found：1 326.4。

［NPASBF(PPh$_3$)$_2$Cu］BF$_4$的制备：制备方法与铜配合物相同，得到黄色固体0.56 g，产率79%。Molecular Weight：1 427.82. Calcd for C$_{91}$H$_{66}$BCuF$_4$N$_4$P$_2$（%）：C，76.55；H，4.66；N，3.92. Found：C，76.55；H，4.66；N，3.92. MS：m/z calcd：1 426.41，found：1 426.4。

［DCSBF(PPh$_3$)$_2$Cu］BF$_4$的制备：DCSBF溶解度差，未得到配合物。

［DIPAF(PEP)Cu］BF$_4$(PEP = 4,5 - 双二苯基膦 - 9,9' - 二甲基氧杂蒽)的制备：50 mL烧杯中加入20 mL乙腈、0.028 g(0.05 mmol)DIPAF、0.015 5 g(0.05 mmol)［Cu(CH$_3$CN)$_4$］·BF$_4$、0.029 g(0.05 mmol)PEP，常温搅拌2 h，溶液由悬浊液变为亮黄色澄清溶液，将此溶液旋干后得黄色固体，然后用乙腈重结晶2次，得黄色固体0.43 g，产率66%。Molecular Weight：1 301.15. Calcd for C$_{62}$H$_{46}$BCuF$_4$I$_2$N$_2$OP$_2$（%）：C，57.23；H，3.56；N，2.15. Found C，57.03；H，3.53；N，2.12. MS：m/z calcd：1 300.05 found：1 300.1。

［DPAPAF(PEP)Cu］BF$_4$的制备：与铜配合物相同，最后得到绿色固体0.52，产率80%。Molecular Weight：1 294.95. Calcd for C$_{86}$H$_{66}$BCuF$_4$N$_4$OP$_2$（%）：C，74.65；H，4.81；N，4.05. Found：C，74.26；H，4.80；N，4.03. MS：m/z calcd：1 382.4；found：1 382。

［NPAPAF(PEP)Cu］BF$_4$的制备：与铜配合物相同，最后得到黄色固体0.64 g，产率87%。Molecular Weight：1 483.89；Calcd for C$_{94}$H$_{70}$BCuF$_4$N$_4$OP$_2$（%）：C，76.08；H，4.75；N，3.78. Found：C，76.13；H，4.76；N，3.77. MS：m/z calcd：1 482.44；found：1 482.3。

［DCAF(PEP)Cu］BF$_4$的制备：DCPAF溶解度差，未得到配合物。

[SBF(PEP)Cu]BF$_4$的制备:与[NPAPAF(PEP)Cu]BF$_4$制备方法相同,最后得到黄绿色晶体 0.40 g,产率 77%。Molecular Weight:1 047.34. Calcd for C$_{62}$H$_{46}$BCuF$_4$N$_2$OP$_2$(%):C, 71.10;H, 4.43;N, 2.67. Found:C, 71.34;H, 4.41;N, 2.63. MS:m/z calcd:1 046.24, found:1 046.2。

[DISBF(PEP)Cu]BF$_4$的制备:与铜配合物相同,最后得到绿色晶体 0.46 g,产率 72%。Molecular Weight:1 299.13. Calcd for C$_{62}$H$_{44}$BCuF$_4$I$_2$N$_2$OP$_2$(%):C, 57.32;H, 3.41;N, 2.16. Found:C, 57.12;H, 3.43;N, 2.12. MS:m/z calcd:1 298.03, found:1 298.0。

[DPASBF(PEP)Cu]BF$_4$的制备:与铜配合物相同,最后得到黄色固体 0.55 g,产率 80%。Molecular Weight:1 381.75. Calcd for C$_{86}$H$_{64}$BCuF$_4$N$_4$OP$_2$(%):C, 74.75;H, 4.67;N, 4.05. Found:C, 74.55;H, 4.68;N, 4.04. MS:m/z calcd:1 380.39;found:1 380.4。

[NPASBF(PEP)Cu]BF$_4$的制备:与铜配合物相同,最后得到黄色固体 0.61 g,产率 82%。Molecular Weight:1 481.87;Calcd for C$_{94}$H$_{68}$BCuF$_4$N$_4$OP$_2$(%):C, 76.19;H, 4.63;N, 3.78. Found C, 76.03;H, 4.65;N, 3.81. MS:m/z calcd:1 480.42;found 1 480.4。

[DCSBF(PEP)Cu]BF$_4$的制备:DCSBF 溶解度差,未得到配合物。

3.2.2.2 中性一价铜配合物的制备

DIPAF(PPh$_3$)CuI 的制备:50 mL 烧杯中加入 20 mL 乙腈,0.28 g(0.5 mmol)DIPAF,0.095 g(0.5 mmol)CuI,0.13 g(0.5 mmol)PPh$_3$,常温搅拌 2 h,溶液由悬浊液变为亮黄色澄清溶液,将此溶液旋干后得黄色固体,然后用乙腈重结晶 2 次,产率 60%。Molecular Weight:947.81. Calcd for C$_{35}$H$_{24}$CuI$_3$N$_2$P(%):C, 44.35;H, 2.55;N, 2.96;Found:C, 44.23;H, 2.53;N, 2.93. MS:m/z calcd:946.81, found:9 468。

DPAPAF(PPh$_3$)CuI 的制备:制备方法与 DIPAF(PPh$_3$)CuI 相同,得到红色固体 0.31 g,产率 60%。Molecular Weight:1 030.43;Calcd for C$_{59}$H$_{44}$CuIN$_4$P(%):C, 68.77;H, 4.30;N, 5.44;Found:C, 68.87;H, 4.26;N, 5.47. MS:m/z calcd:1 029.16;found:1 029.1。

NPAPAF(PPh$_3$)CuI 的制备:制备方法与 DIPAF(PPh$_3$)CuI 相同,得到红色固体 0.34 g,产率 60%。Molecular Weight:1 130.55;Calcd for C$_{67}$H$_{48}$CuIN$_4$P(%):C, 71.18;H, 4.28;N, 4.96;Found:C, 71.10;H, 4.27;N, 4.93. MS:m/z calcd:1 129.2;found:1 129.2。

DCAF(PPh$_3$)CuI 的制备:DCPAF 溶解度差,未得到配合物。

SBF(PPh_3)CuI 的制备:50 mL 烧杯中加入 20 mL 乙腈、0.16 g(0.5 mmol)SBF、0.095 g(0.5 mmol)CuI,0.13 g(0.5 mmol)PPh_3,常温搅拌 2 h,溶液由悬浊液变为亮黄色澄清溶液,将此溶液过滤,放置常温自然挥发,得到黄色块状晶体 0.27 g,产率 80%。Molecular Weight:694. Calcd for $C_{35}H_{24}CuIN_2$ P(%):C,60.57;H,3.49;N,4.04;Found:C,60.43;H,3.48;N,4.05. MS:m/z calcd:693.0;found:693.0。

DISBF(PPh_3)CuI 的制备:制备方法与 SBF(PPh_3)CuI 的制备方法相同,得到红色固体 0.33 g,产率 70%。Molecular Weight:945.8. $C_{35}H_{22}CuI_3N_2P$(%):C,44.45;H,2.34;N,2.96;Found:C,44.32;H,2.35;N,2.97. MS:m/z calcd:944.8;found 944。

DPASBF(PPh_3)CuI 的制备:制备方法与 SBF(PPh_3)CuI 相同,得到红色固体 0.40 g,产率 78%。Molecular Weight:1 028.42;Calcd for $C_{59}H_{42}Cu_1N_4P$(%):C,68.91;H,4.12;N,5.45. Found:C,68.83;H,4.17;N,5.40. MS:m/z calcd:1 027.15;found:1 027.1。

NPASBF(PPh_3)CuI 的制备:制备方法与 SBF(PPh_3)CuI 相同,得到红色固体 0.45 g,产率 80%。Molecular Weight:1 128.53;Calcd for $C_{67}H_{46}CuN_4P$(%):C,71.31;H,4.11;N,4.96. Found:C,71.44;H,4.16;N,4.88. MS:m/z calcd:1 127.18;found:1 127.2。

DCSBF(PPh_3)CuI 的制备:DCSBF 溶解度差,未得到配合物。

SBF(PPh_3)CuBr 的制备:50 mL 烧杯中加入 20 mL 乙腈、0.16 g(0.5 mmol)DIPAF、0.071 g(0.5 mmol)CuBr、0.13 g(0.5 mmol)PPh_3,常温搅拌 2 h,溶液由悬浊液变为亮黄色澄清溶液,将此溶液过滤,放置常温至自然挥发,得到黄色块状晶体 0.26 g,产率 81%。Molecular Weight:647;Calcd for $C_{35}H_{24}$ $BrCuN_2P$(%):C,64.97;H,3.74;N,4.33;Found:C,65.16;H,3.73;N,4.36. MS:m/z calcd:645.02;found:645.0。

SBF(PPh_3)CuCl 的制备:50 mL 烧杯中加入 20 mL 乙腈、0.16 g(0.5 mmol)DIPAF、0.049 g(0.5 mmol)CuCl、0.13g(0.5 mmol)PPh_3,加入至 80 ℃回流搅拌 2 h,溶液由悬浊液变为橙黄色澄清溶液,将此溶液过滤,放置常温至自然挥发,得深红色针状晶体 0.24 g,产率 82%。Molecular Weight:602.55. Calcd for $C_{35}H_{24}ClCuN_2P$(%):C,69.77;H,4.01;N,4.65;Found:C,69.49;H,4.02;N,4.68. MS:m/z calcd:601.07;found:601.0。

双核铜配合物的制备:50 mL 烧杯中加入 20 mL 乙腈、0.16 g(0.5 mmol)SBF、0.095 g(0.5 mmol)CuI、0.13 g(0.5 mmol)PPh_3,60 ℃搅拌 1 h,溶液由悬

浊液变为橙黄色澄清溶液,将此溶液过滤,放置常温至自然挥发,除得到黄色块状晶体 SBF(PPh₃)CuI 外,还得到一部分红色棒状晶体。Molecular Weight：1 017.64. Calcd for $C_{46}H_{28}Cu_2I_2N_4$ (%)：C, 54.29；H, 2.77；N, 5.51；Found：C, 54.47；H, 2.75；N, 5.50。

四核铜配合物的制备：将 SBF(PPh₃)CuI 的乙腈溶液在 80 ℃回流搅拌2 h,溶液由原来的亮黄色变成了橙红色,将此溶液过滤,放置常温至自然挥发,得深红色针状晶体。Molecular Weight：1 398.54. Calcd for $C_{46}H_{28}Cu_4I_4N_4$ (%)：C, 39.50；H, 2.02；N, 4.01；Found：C, 39.75；H, 2.01；N, 4.03。

3.2.3　实验仪器和实验方法

熔点：北京科学电光仪器 XT5 显微熔点仪。

质谱：LC – MSD – Trap – XCT 质谱仪。

紫外可见吸收光谱：Hitachi UV – 3010 紫外可见光谱仪。

荧光和磷光光谱：JOBIN YVON Fluoro Max 荧光光谱仪。

低温磷光光谱测定：杜瓦瓶中加入液氮降温进行磷光测试。

量子效率的测定：量子效率的测定是将化合物掺入在聚丙烯酸甲酯(PMMA)的薄膜中用积分球测定的。膜的制备：先将 PMMA 放于 CH_2Cl_2 中配成18 mg/mL 的溶液,然后取此溶液 1 mL,加入 2 mg 待测物,待其完全溶解后,将其滴到石英基板上,于旋涂仪上以 2 000 r/s 旋涂成膜后,自然晾干后备用。

循环伏安法(CV)测试：三电极体系,电极为铂电极,辅助电极为铂丝；参比电极为 AgCl/Ag。电解质为四丁基高氯酸铵 TBAClO₄,浓度为 0.1 mol/L。测定前通入氮气 2 min,测定时液面保持氮气气氛。在室温下进行实验。

元素分析：样品的 C、H、N 元素的含量用 PE2400 型元素分析仪进行测定。

3.2.4　晶体结构的测定

室温下,采用 Oxford 四圆单晶衍射仪测定了五种化合物的晶体结构。其中,SBF、DISBF、IPASBF、DCSBF 采用石墨单色化的 Mo $K\alpha$ 辐射为光源(λ = 0.710 7 Å)进行数据收集,DPASBF 采用石墨单色化的 Cu 辐射为光源(λ = 1.541 8 Å)进行数据收集。全部强度数据由 Oxford Diffraction Ltd., 开发的CrysAlisPro 程序进行数据还原并采用 SADABS 方法进行半经验吸收校正。晶体结构由 Olex2 程序通过直接法解出并经 SHELXL 程序通过全矩阵最小二乘法对 F^2 进行精修,最终得到全部非氢原子的坐标和各向异性温度因子。主要晶体结构参数列于表 3-1 ~ 表 3-3。

3.2.5　有机电致发光器件的制备

ITO 玻璃的刻蚀：将 ITO 玻璃用玻璃刀分割成所需大小，然后用透明胶带保护所需的 ITO 部分，用稀盐酸加锌粉进行刻蚀，5 min 后去掉胶带纸，把刻蚀好的玻璃洗净备用。

ITO 玻璃的清洗：先分别用酒精棉球、丙酮棉球对 ITO 表面擦拭清洗，然后分别用离子水、酒精、丙酮清洗 5 min，烘干，然后放入紫外灯箱中烘烤 5 min，以增加功函数。

有机电致磷光器件的制备：所用仪器为产于辽宁聚智的真空镀膜仪，将处理好的 ITO 玻璃放入真空室中，当压力将到 5.0×10^{-4} Pa 时，开始制备器件，器件的厚度是石英晶振仪来监控的。

器件性能的测定：器件的电流—亮度—电压（J—L—V）和电致发光光谱曲线的测试分别用北京师范大学产的 ST - 900M 和 OPT - 2000 测试系统，Keithley 2000 作为电源。

3.3　结果与讨论

3.3.1　合成和表征

本章中大部分化合物的合成都是在乙腈为溶剂常温常压下完成的，只有 $CuCl(PPh_3)SBF$ 这个化合物的合成必须在沸腾的乙腈溶液中才能完成，在没有加热的情况下，得到的化合物很不稳定，容易被氧化。对于被咔唑取代的两种配体，我们试了几种溶剂来制备相应的一价铜化合物，如 CH_2Cl_2、乙醇、乙腈，并且在常温下或加热的情况下，得到的结果总是不理想，虽然有部分产物生成，但是量较少，并且提纯较为困难。

另外，我们还用了一种双膦配体 POP（双（2 - 二苯基膦苯基）醚）来制备离子型的一价铜化合物，但是这一类化合物对氧气很敏感，由于我们的目的是制备发光材料，所以这些化合物在此不再详细叙述。

3.3.2　晶体结构

所有单晶都是在乙腈溶剂中利用溶剂挥发法得到的，共得到了 7 个一价铜配合物的单晶结构，具体如图 3-2 ~ 图 3-9 所示。配合物的主要键长和键角见表 3-1 ~ 表 3-4。

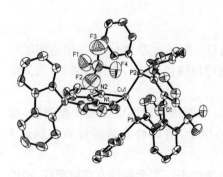

图 3-2　Cu(SBF)(PEP)BF₄ 的分子结构

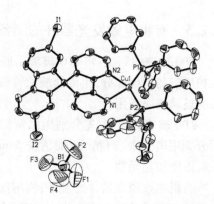

图 3-3　Cu(DISBF)(PP)BF₄ 的分子结构

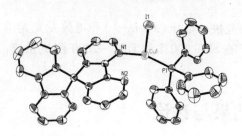

图 3-4　CuI(SBF)(P)的分子结构

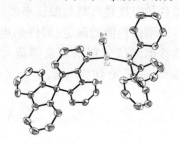

图 3-5　CuBr(SBF)(P)的分子结构

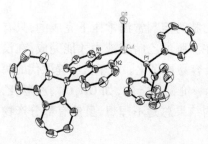

图 3-6　CuCl(SBF)(P)的分子结构

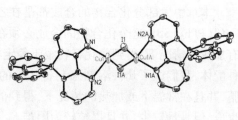

图 3-7　Cu₂I₂(SBF)₂ 的分子结构

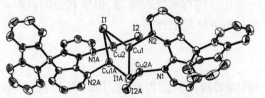

图 3-8　Cu₄I₄(SBF)₂ 的分子结构

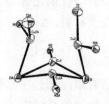

图 3-9　Cu₄I₄(SBF)₂ 的局部配位结构

表3-1 配合物 Cu(SBF)(PEP)BF$_4$、Cu(DISBF)(PP)BF$_4$和 CuI(SBF)(P)主要晶体结构参数

		Cu(SBF)(PEP)BF$_4$	Cu(DISBF)(PP)BF$_4$	CuI(SBF)(P)
化合物				
分子式		C64 H49 B Cu F4 N3 O P2	C59 H42 B Cu F4 I2 N2 P2	C$_{43}$ H$_{32}$ N$_3$ PCuI
分子量		1 245.04	318.36	812.13
温度(K)		293(2)	291.15	291.0
波长(Å)		0.710 73	0.710 73	0.710 73
晶系结构		triclinic	Monoclinic	triclinic
空间群名称		P–1	P2(1)/n	P–1
晶胞参数	a(Å)	11.532 0(7)	10.982 2(4)	10.807 7(7)
	b(Å)	13.019 8(8)	21.564 7(6)	13.761 6(8)
	c(Å)	19.573 3(11)	22.586 9(8)	14.216 8(8)
	α(deg.)	96.427(5)	90.00	68.482(5)
	β(deg.)	100.483(5)	93.913(4)	77.006(5)
	γ(deg.)	107.054(5)	90.00	68.069(6)
晶胞体积(Å^3)		2 719.66(639)	5 336.7(3)	1 815.27(19)
Z		11	4	2
计算密度(g/m^3)		1.637	1.550	1.486
吸收系数(mm^{-1})		1.198	1.680	1.531
F(000)		1 362	2 464.0	816.0
晶体尺寸(mm×mm×mm)		0.20×0.20×0.10	0.30×0.20×0.20	0.20 × 0.18 × 0.16
θ(deg.)		5.88~58.4	6.28~58.6	6.06~52.74

续表 3-1

化合物	Cu(SBF)(PEP)BF$_4$	Cu(DISBF)(PP)BF$_4$	CuI(SBF)(P)
最小与最大衍射指标	$-15 \leqslant h \leqslant 14$ $-17 \leqslant k \leqslant 17$ $-26 \leqslant l \leqslant 26$	$-13 \leqslant h \leqslant 14$ $-28 \leqslant k \leqslant 28$ $-20 \leqslant l \leqslant 30$ $-12 < h < 7$	$-13 \leqslant h \leqslant 13$ $-16 \leqslant k \leqslant 17$ $-17 \leqslant l \leqslant 17$
衍射收集/独立衍射点数目	22 010/12 365[R(int) $=0.0300$]	31 806/12 572[R(int) $=0.029\ 7$]	15 185/741 5[R(int) $=0.023\ 0$]
参加精修衍射点数目/几何限制参数数目/参数数目	12 365/0/670	12 572/0/640	7 415/0/443
可观测衍射点的 s 值	1.398	1.023	1.019
可观测衍射点的 $R[I > 2\sigma(I)]$	$R_1 = 0.078\ 1$, $wR_2 = 0.220\ 2$	$R_1 = 0.054\ 6$, $wR_2 = 0.125\ 9$	$R_1 = 0.035\ 9$, $wR_2 = 0.076\ 9$
全部衍射点的 R	$R_1 = 0.110\ 7$, $wR_2 = 0.240\ 0$	$R_1 = 0.084\ 6$, $wR_2 = 0.143\ 9$	$R_1 = 0.049\ 9$, $wR_2 = 0.083\ 3$
最大电子密度峰值,洞值(Å^{-3})	0.797、-0.465	1.82、-1.94	0.64、-0.68

表 3-2 配合物 CuBr(SBF)(P)、CuCl(SBF)(P) 和 Cu₄I₄(SBF)₂ 主要晶体结构参数

化合物		CuBr(SBF)(P)	CuCl(SBF)(P)	Cu₄I₄(SBF)₂
分子式		C₄₃H₃₂BrCuN₃P	C₄₁H₂₉ClCuN₂P	C₅₀H₃₄Cu₄I₄N₆
分子量		765.14	679.62	1 480.59
温度(K)		291.15	273(2)	291.15
波长(Å)		0.710 73	0.710 73	0.710 73
晶系名称		triclinic	Orthorhombic	monoclinic
空间群名称		P-1	Pbca	C2/c
晶胞参数	a(Å)	10.641 4(6)	12.412 2(4)	20.383 2(6)
	b(Å)	13.553 6(6)	22.251 2(8)	17.126 8(5)
	c(Å)	14.297 2(8)	24.442 8(9)	14.228 1(3)
	α(deg.)	68.035(5)	90.00	90.00
	β(deg.)	78.011(5)	90.00	102.785(3)
	γ(deg.)	68.892°(4)	90.00°	90.00°

化合物	CuBr(SBF)(P)	CuCl(SBF)(P)	Cu₄I₄(SBF)₂
晶胞体积(Å³)	1 777.70(16)	6 750.8(4)	4 843.9(2)
Z	2	8	4
计算密度(g/m³)	1.429	1.337	2.030
吸收系数(mm⁻¹)	1.818	0.805	4.323
F(000)	780.0	2 800.0	2 816.0
晶体尺寸(mm×mm×mm)	0.20×0.20×0.10	0.30×0.20×0.20	0.25×0.20×0.10
θ(deg.)	5.98~52.74	6.2~52.74	5.88~52.74
最小与最大衍射指标	$-13 \leqslant h \leqslant 13$ $-16 \leqslant k \leqslant 16$ $-11 \leqslant l \leqslant 1$	$-13 \leqslant h \leqslant 15$ $-25 \leqslant k \leqslant 27$ $-30 \leqslant l \leqslant 19$	$-16 \leqslant h \leqslant 25$ $-21 \leqslant k \leqslant 15$ $-17 \leqslant l \leqslant 17$
衍射点收集/独立衍射点数目	12 916/7 174[R(int)=0.031 4]	18 125/6 880[R(int)=0.041 7]	9 676/4 944[R(int)=0.028 5]
参加精修衍射点数目/几何限制参数数目/参加参数数目	7 174/0/428	6 880/0/415	4 944/0/308
可观测衍射点的s值	1.017	1.020	0.990
可观测衍射点的R值[$I>2\sigma(I)$]	$R_1=0.051\ 1$, $wR_2=0.144\ 6$	$R_1=0.050\ 7$, $wR_2=0.104\ 0$	$R_1=0.036\ 8$, $wR_2=0.064\ 5$
全部衍射点的R	$R_1=0.099\ 7$, $wR_2=0.180\ 6$	$R_1=0.096\ 0$, $wR_2=0.126\ 2$	$R_1=0.062\ 2$, $wR_2=0.073\ 1$
最大电子密度峰值,洞值(Å⁻³)	1.19, −0.75	0.65, −0.53	0.81, −0.71

表 3-3 配合物 $Cu_2I_2(SBF)_2$ 的晶体结构参数

参数	值	参数	值
化合物	$(CuISBF)_2$	计算密度(g/m^3)	1.766
分子式	$C_{23}H_{14}CuIN_2$	吸收系数(mm^{-1})	2.764
分子量	508.80	$F(000)$	992.0
温度(K)	291.15	晶体尺寸(mm)	$0.20\times0.20\times0.10$
波长(Å)	0.710 73	θ(deg.)	5.9~58.18
晶系名称	monoclinic	最小与最大衍射指标	$-19\leq h\leq25$ $-10\leq k\leq10$ $-16\leq l\leq8$
空间群名称	P2(1)/C	衍射点收集/独立衍射点数目	7 854/4 360[R(int)=0.030 7]
晶胞系数 a(Å)	19.069 6(12)	参加精修衍射点数目/几何限制参数数目/参加参数数目	4 360/0/245
b(Å)	8.553 0(6)	可观测衍射点的 s 值	1.029
c(Å)	11.995 8(8)	可观测衍射点的 $R[I>2\sigma(I)]$	$R_1=0.042\ 2$, $wR_2=0.091\ 2$
α(deg.)	90.00	全部衍射点的 R	$R_1=0.061\ 0$, $wR_2=0.102\ 7$
β(deg.)	101.993(7)	最大电子密度峰值,洞值($Å^{-3}$)	1.0, -0.88
γ(deg.)	90.00		
晶胞体积($Å^3$)	1 913.8(2)		
Z	4		

表 3-4　7种一价铜配合物的主要键长(Å)和键角(°)数据

Cu(SBF)(PEP) BF		Cu(DISBF)(PP) BF$_4$	
Cu(1) – N(2)	2.101(2)	Cu(1) – N(2)	2.135(3)
Cu(1) – P(2)	2.239 7(9)	Cu(1) – P(1)	2.254 7(11)
Cu(1) – P(1)	2.249 4(8)	Cu(1) – P(2)	2.256 6(11)
Cu(1) – N(1)	2.274(2)	Cu(1) – N(1)	2.273(3)
N(2) – Cu(1) – P(2)	120.42(7)	N(2) – Cu(1) – P(1)	109.27(10)
N(2) – Cu(1) – P(1)	110.42(7)	N(2) – Cu(1) – P(2)	113.51(9)
P(2) – Cu(1) – P(1)	123.97(3)	P(1) – Cu(1) – P(2)	124.79(4)
N(2) – Cu(1) – N(1)	83.72(9)	N(2) – Cu(1) – N(1)	83.09(12)
P(2) – Cu(1) – N(1)	98.45(7)	P(1) – Cu(1) – N(1)	114.27(9)
P(1) – Cu(1) – N(1)	109.36(6)	P(2) – Cu(1) – N(1)	104.12(9)
CuI(SBF)(P)		CuBr(SBF)(P)	
I(1) – Cu(1)	2.569 4(5)	Br(1) – Cu(1)	2.392 9(9)
Cu(1) – N(1)	2.045(2)	Cu(1) – N(1)	2.062(4)
Cu(1) – P(1)	2.202 5(8)	Cu(1) – P(1)	2.198 4(15)
N(1) – Cu(1) – P(1)	130.76(7)	N(1) – Cu(1) – P(1)	127.99(12)
N(1) – Cu(1) – I(1)	108.30(7)	N(1) – Cu(1) – Br(1)	108.90(12)
P(1) – Cu(1) – I(1)	116.99(3)	P(1) – Cu(1) – Br(1)	119.13(5)
CuCl(SBF)(P)		Cu$_2$I$_2$(SBF)$_2$	
Cu(1) – P(1)	2.199 2(9)	I(1) – Cu(1)#1	2.577 2(7)
Cu(1) – Cl(1)	2.234 1(10)	I(1) – Cu(1)	2.596 9(7)
Cu(1) – N(1)	2.258(3)	Cu(1) – N(1)	2.117(3)
Cu(1) – N(2)	2.308(3)	Cu(1) – N(2)	2.336(3)
P(1) – Cu(1) – Cl(1)	121.55(4)	N(1) – Cu(1) – N(2)	82.23(11)
P(1) – Cu(1) – N(1)	124.48(7)	N(1) – Cu(1) – I(1)#1	119.69(9)
Cl(1) – Cu(1) – N(1)	104.47(7)	N(2) – Cu(1) – I(1)#1	101.25(8)
P(1) – Cu(1) – N(2)	104.07(7)	N(1) – Cu(1) – I(1)	109.78(9)

CuCl(SBF)(P)		Cu$_2$I$_2$(SBF)$_2$	
Cl(1)-Cu(1)-N(2)	114.68(8)	N(2)-Cu(1)-I(1)	113.24(8)
N(1)-Cu(1)-N(2)	80.29(9)	I(1)#1-Cu(1)-I(1)	122.45(2)

Cu$_4$I$_4$(SBF)$_2$			
I(1)-Cu(1)	2.5054(11)	N(2)-Cu(1)-I(1)	115.83(10)
I(1)-Cu(1)#1	2.6006(13)	N(2)-Cu(1)-I(1)#1	109.42(10)
I(1)-Cu(2)	2.6172(15)	I(1)-Cu(1)-I(1)#1	121.92(5)
I(2)-Cu(2)	2.5010(11)	N(1)#1-Cu(2)-I(2)	122.95(11)
Cu(1)-N(2)	2.047(3)	N(1)#1-Cu(2)-I(1)	104.66(11)
Cu(1)-I(1)#1	2.6006(13)	I(2)-Cu(2)-I(1)	116.46(5)
Cu(2)-N(1)#1	2.019(3)		

先来看两个离子型的一价铜化合物 Cu(SBF)(PEP)BF$_4$ 和 Cu(DISBF)(PP)BF$_4$ 的晶体结构,由图 3-2 和图 3-3 以及表 3-4 可以看到,这两个化合物的两个 Cu-P 键的键长都为 2.240~2.257 Å,跟文献[26]基本一致。但是这类化合物的两个 C—N 键长却有很大不同,如 Cu(SBF)(PEP)BF$_4$ 和 Cu(DIS-BF)(PP)BF$_4$ 的 Cu1—N1 键长分别为 2.274 Å 和 2.273 Å,而它们的 Cu1-N2 键长却略短,分别为 2.101 Å 和 2.135 Å,键长差分别为 0.17 Å 和 0.14 Å。这样一强一弱的 2 个配位键形成的原因可能是这类氮杂配体的 2 个配位的氮原子之间的距离较传统的氮杂配体更大,此类氮杂螺芴类配体在配位后,其 2 个配位的氮原子之间的距离为 2.9 Å 左右,而传统的氮杂类配体在配位后 2 个配位的氮原子之间的距离更短,如邻菲咯啉类的衍生物,它们的 2 个参与配位的氮原子之间的距离大概在 2.7 Å 左右。较大的刚性配体以及较远的 N—N 配位原子的距离使得这类化合物的配位环境的不同。这 2 个化合物的 N—Cu—N 和 P—Cu—P 键角都很相似,分别为 83.09°、83.72° 和 123.97°、124.79°,铜离子都处于扭曲的四面体环境中。可能由于 PEP 有较大的刚性,其相应配合物的 P—Cu—P 键角略小。

对于一价铜配合物 CuI(SBF)(P)、CuBr(SBF)(P) 和 CuCl(SBF)(P),由图 3-4、图 3-5、图 3-6 和表 3-4,卤素参与配位不仅使它们成为中性的配合物,而且卤素的加入也影响了铜离子的配位环境。这 3 种铜配合物的 Cu—X (X

= Cl，Br，I）的键长随卤素离子的范德华半径的增加而增加，Cu—Cl、Cu—Br 和 Cu—I 的键长分别为 2.234 1 Å、2.393 4 Å 和 2.569 4 Å。卤素离子的半径增加使得从 Cl⁻ 离子到 I⁻ 离子电负性明显减小，受此影响，3 种配合物的配位构型发生了明显变化。在配合物 CuI(SBF)(P) 和 CuBr(SBF)(P) 中，虽然没有空间位置的作用，中心铜离子形成了 1 个以铜离子为中心的类似"Y"形状的三配位构型。这种配位构型导致配合物 CuI(SBF)(P) 和 CuBr(SBF)(P) 中的 Cu1—N1 键强度增加（键长分别为 2.045 Å，2.062 Å），而 Cu1—N2 之间只有较弱的相互作用（键长分别为 2.601 Å，2.617 Å）（SHELXL 软件显示不形成 Cu1 - N2 键）。Cu—P 键长都较上面叙述的离子型铜化合物短，键强度增加，键长在 2.20 Å 左右。在三配位的铜化合物 CuI(SBF)(P) 和 CuBr(SBF)(P) 中，以 Cu(I) 为中心的三个键角 P1—Cu—I1、N1—Cu—I1 和 P1—Cu—N1 分别为 116.99°、108.30°、130.76°和 116.13°、108.90°、127.99°，这与典型的三配位铜的键角非常相似。此外，Cu(I) 与 P1—N1—I1 所组成的三角平面的距离分别为 0.254 7 Å 和 0.253 3 Å，说明 Cu 原子稍微偏离 P1—N1—I1 所组成的三角平面，这可能是由于 N2 的微弱的配位作用使 Cu 原子的配位环境有稍微变形。但是配合物 CuCl(SBF)(P) 中，中心离子 Cu(I) 的配位构型是典型的变形四面体，两个 Cu—N 键长则比较类似，分别为 2.258 Å 和 2.308 Å，Cu—P 键长为 2.199 Å。

双核配合物 $Cu_2I_2(SBF)_2$ 的结构如图3-7所示。2 个 Cu(I) 通过 2 个 I 离子桥联起来，形成一个中心对称的双核结构。Cu—P 键的键长分别为 2.577 Å、2.597 Å，与配合物 CuI(SBF)(P) 中的 Cu—I 键的键长接近；Cu—N 键的键长分别为 2.117 Å、2.336 Å，两者相差 0.219 Å。这样一强一弱的两个配位键形成的原因除了氮杂芴配体的两个氮原子之间的距离较大外，碘桥的存在使整个分子的刚性增大也是造成这种差别的原因。四核配合物 $Cu_4I_4(SBF)_2$ 的结构如图3-8、图3-9所示。从图中可以看出：分子是中心对称的，4 个 Cu(I) 处于 2 种不同的配位环境中，其中 Cu(I) 分别与 2 个 μ_3 碘离子 I1、I1A 和氮杂螺芴中的 N2 配位，形成三配位的配位构型。Cu(I) 与 3 个配位原子之间的键长分别为 2.505 Å、2.601 Å 和 2.047 Å，以 Cu(I) 为中心的 3 个键角 N(2)—Cu(I)—I(1)、N(2)—Cu(1)—I(1A)、I(1)—Cu(1)—I(1A) 分别为 115.83°、109.42°、121.92°。另一个铜离子 Cu(2) 分别与一个 μ_3 碘离子 I1A、一个 μ_1 碘离子 I2 和氮杂螺芴中的 N1 配位，也形成三配位的配位构型。Cu(2) 与三个配位原子之间的键长分别为 2.617 Å、2.501 Å 和 2.019 Å，以 Cu(2) 为中心的三个键角 N(1A)—Cu(2)—I(2)、N(1A)—Cu(2)—I(1)、

I(2)—Cu(2)—I(1)分别为122.95°、104.66°、116.46°,与以 Cu(1)为中心的键角相似。碘离子分别采用 μ_3 和 μ_1 与中心离子配位的模式在一价铜多核结构中不常见。

3.3.3 紫外可见吸收光谱

紫外可见吸收光谱的测试是在室温下于 $1 \times 10^{-5}M$ 的 CH_2Cl_2 溶液中进行的。由图3-10 和图3-11 可以看出,所有的离子型配合物在波长为 250 nm 和 350 nm 之间都有较强的吸收,可以归属为受金属离子微扰的配体自身的吸收跃迁;位于 350 ~ 475 nm 的弱吸收带则对应于一价铜到配体的电荷迁移(MLCT)吸收跃迁,也不排除配体到配体电荷迁移吸收跃迁(LLCT)。比较图3-10和图3-11 可以观察到:膦配体的不同对吸收光谱几乎没有影响,而氮杂配体对吸收光谱所造成的影响比较明显,氮杂配体共轭程度的增加不仅使配体自身的吸收光谱红移, 相应的 MLCT 的吸收峰也发生红移。对于中性的

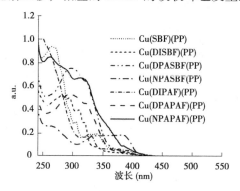

图 3-10　Cu(NN)(PP)BF$_4$ 系列配合物的紫外吸收光谱图

价铜配合物来说(见图3-12),其在较长波区的吸收峰除 MLCT 吸收外,还混合了部分卤素到配体的电荷迁移吸收峰(XLCT),由于配体共轭程度和配位的卤素离子的类型都会对长波区的 MLCT 吸收和 XLCT 吸收有影响,造成中性一价铜配合物在该区的吸收比较复杂。一价铜双核和四核的化合物的吸收光谱和单核的 CuX(SBF)(P)(X = Cl, Br, I)吸收光谱在 350 nm 之前很类似,这是由于这些配合物中配体的共轭程度没有变化,所以吸收光谱没有出现红移的现象。但是,卤素阴离子的不同,以及聚合状态的不同会对它们的电荷迁移吸收谱带产生影响。

一从以上的分析结果可以看出,一价铜化合物的 MLCT 吸收或 MLCT 和 XLCT 的吸收主要集中在波长为 350 ~ 450 nm 吸收峰较弱的范围内。为了证

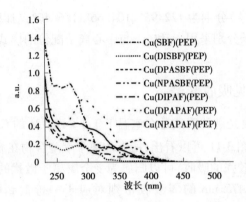

图 3-11　Cu(NN)(PEP)BF₄ 系列配合物的紫外吸收光谱图

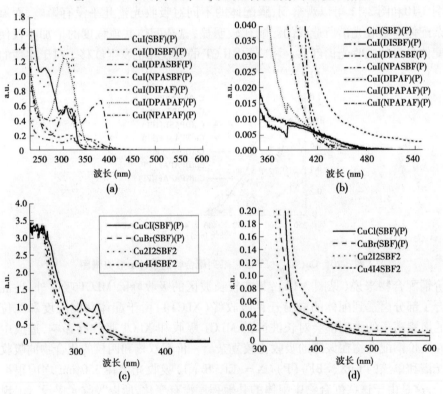

(a)

(b)

(c)

(d)

图 3-12　CuI(NN)(P) 以及 CuBrSBF(P)、CuClSBF(P) 和双核、

四核化合物紫外吸收光谱图

明这一观点并深入了解其电子跃迁的本质,利用密度泛函方法计算了化合物
Cu(SBF)(PEP)(BF₄)、Cu(DISBF)(PP)(BF₄)、CuI(SBF)(P)、CuBr(SBF)

（P）和 CuCl（SBF）（P）的 HOMO 和 LUMO 能级。电子云在 5 种化合物的 HO-
MO 和 LUMO 轨道能级上的分布如图 3-13 ~ 图 3-17 所示。

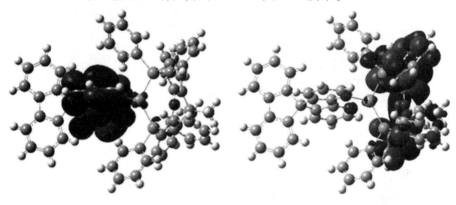

图 3-13   Cu（SBF）（PEP）（BF$_4$）的前线轨道电子云图（左边为 HOMO，右边为 LUMO）

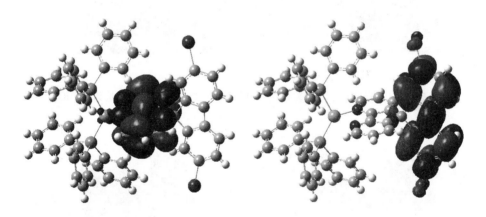

图 3-14   Cu（DISBF）（PP）（BF$_4$）的前线轨道电子云图（左边为 HOMO，右边为 LUMO）

　　通过对这几个化合物的前线轨道电子云分布情况得知，对于阳离子型的
一价铜化合物 Cu（SBF）（PEP）BF$_4$，由图 3-13，可以看到这个化合物的 HOMO
电子云主要分布在氮杂配体和铜原子上，而 LUMO 的电子云则分布在含膦配
体 PEP 上，由此可以判断 Cu（SBF）（PEP）BF$_4$ 的电子跃迁是配体到配体
（LLCT）和金属到配体的电荷跃迁（MLCT）混合跃迁。而 Cu（DISBF）（PP）
BF$_4$ 的 HOMO 电子云也主要分布在氮杂配体和铜原子上，其 LUMO 也分布在
氮杂配体上，此化合物的跃迁类型应该是配体内部（ILCT）和金属到配体的电

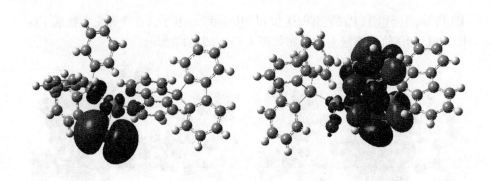

图 3-15　CuI(SBF)(P)的前线轨道电子云图(左边为 HOMO,右边为 LUMO)

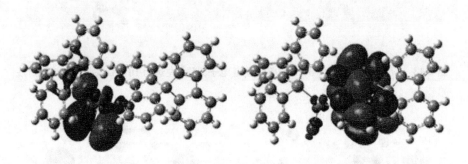

图 3-16　CuBr(SBF)(P)的前线轨道电子云图(左边为 HOMO,右边为 LUMO)

图 3-17　CuCl(SBF)(P)的前线轨道电子云图(左边为 HOMO,右边为 LUMO)

荷跃迁(MLCT)混合跃迁。

　　从中性的一价铜化合物 CuI(SBF)(P)、CuBr(SBF)(P)、CuCl(SBF)(P)的 HOMO 和 LUMO 轨道电子云分布情况可以看出(见图 3-15 ~ 图 3-17),其

HOMO电子云主要分布在铜和碘原子上,而其 LUMO 则主要分布在氮杂配体含氮杂的芴上,此化合物的激发光谱是基于 MLCT 和 XLCT 的跃迁。此外,从 I 离子到 Cl 离子,随着卤素离子电负性的增加,HOMO 轨道上卤素离子上的电子云密度逐渐减小,铜离子上的电子云密度逐步增加,吸收光谱的长波区 MLCT 跃迁占主要成分。

因此可以判断,这两个系列化合物在长波区的电子吸收跃迁具有 MLCT 的性质,但是可能混合有其他性质跃迁的贡献,如 LLCT、ILCT 和 XLCT。

3.3.4 循环伏安

利用循环伏安法测试了 23 种一价铜磷光化合物的电化学性质,利用测试到的这类化合物的氧化电位,结合下式

$$E_{HOMO}(eV) = -(E_{onset}^{ox} + 4.8)$$

计算出来 HOMO 能级:

根据紫外吸收长波起始值结合下式

$$E_g(eV) = 1\ 240/\lambda_{UV-Vis,onset} \text{ 和 } E_{LUMO}(eV) = E_g + E_{HOMO}$$

计算出了 LUMO 能级。

循环伏安数据如表 3-5。

表 3-5　循环伏安数据

化合物	$E_{onset}^{ox}(V)$	HOMO(eV)	LUMO(eV)	$E_g(eV)$
Cu(SBF)(PP)(BF$_4$)	0.62	−5.42	−2.54	2.88
Cu(DISBF)(PP)(BF$_4$)	0.59	−5.39	−2.56	2.73
Cu(DPASBF)(PP)(BF$_4$)	0.60	−5.40	−2.78	2.62
Cu(NPASBF)(PP)(BF$_4$)	0.50	−5.30	−2.71	2.59
Cu(DIPAF)(PP)(BF$_4$)	0.89	−5.69	−2.93	2.76
Cu(DPAPAF)(PP)(BF$_4$)	0.69	−5.49	−2.73	2.76
Cu(NPAPAF)(PP)(BF$_4$)	0.62	−5.42	−2.68	2.74
Cu(SBF)(PEP)(BF$_4$)	0.63	−5.43	−2.72	2.71
Cu(DISBF)(PEP)(BF$_4$)	0.58	−5.38	−2.69	2.69
Cu(DPASBF)(PEP)(BF$_4$)	0.59	−5.39	−2.76	2.63
Cu(NPASBF)(PEP)(BF$_4$)	0.50	−5.30	−2.73	2.57
Cu(DIPAF)(PEP)(BF$_4$)	0.85	−5.65	−2.91	2.74
Cu(DPAPAF)(PEP)(BF$_4$)	0.67	−5.47	−2.74	2.73
Cu(NPAPAF)(PEP)(BF$_4$)	0.60	−5.40	−2.74	2.66
CuI(SBF)(P)	0.46	−5.26	−2.64	2.62

化合物	$E_{\text{onset}}^{\text{ox}}$ (V)	HOMO (eV)	LUMO (eV)	E_{g} (eV)
CuI (DISBF) (P)	0.41	−5.21	−2.55	2.66
CuI (DPASBF) (P)	0.44	−5.24	−2.52	2.72
CuI (NPASBF) (P)	0.44	−5.24	−2.48	2.86
CuI (DIPAF) (P)	0.38	−5.18	−2.53	2.65
CuI (DPAPAF) (P)	0.44	−5.24	−2.51	2.73
CuI (NPAPAF) (P)	0.44	−5.24	−2.51	2.73
CuBr (SBF) (P)	0.43	−5.23	−2.51	2.72
CuCl (SBF) (P)	0.43	−5.23	−2.51	2.72

　　首先来看阳离子型的一价铜配合物的电化学性质数据(见表 3-5),它们的起始氧化电位在 0.50 ~ 0.89 V,对比 Cu (NN) (PP) (BF$_4$) 和 Cu (NN) (PEP) (BF$_4$) 两类化合物,可以看出,含膦配体共轭的增加对氧化电位的影响并不大,如 Cu (SBF) (PP) (BF$_4$) 和 Cu (SBF) (PEP) (BF$_4$) 的氧化电位分别为 0.62 V 和 0.63 V,相差不大。氮杂配体的共轭程度对配合物的氧化电位有一定影响,而增加氮杂配体的共轭时,氧化电位呈下降趋势,如 Cu (SBF) (PP) (BF$_4$)、Cu (DISBF) (PP) (BF$_4$)、Cu (DPASBF) (PP) (BF$_4$) 和 Cu (NPASBF) (PP) (BF$_4$) 的氧化电位分别为 0.62 V、0.59 V、0.60 V 和 0.50 V。这说明:配合物处在基态时,电子云大部分分布在氮杂配体的轨道上,而且当氮杂配体上有推电子取代基时,HOMO 轨道电子云应该主要分布在这些取代基上的。可以看出随着氮杂配体共轭的增加,HOMO 能级呈上升趋势,而较高的 HOMO 能级对于 OLED 来说有助于减小空穴传输层与发光层之间的能垒,可以增加空穴的注入;对于 LUMO 能级来说,含膦配体共轭的变化同样对其影响不大,LUMO 能级大小还是受氮杂配体的影响较大,随着氮杂配体共轭的增加,LUMO 呈下降趋势,可以看出,受此影响,带隙 E_{g} 随之减小,结果使吸收波长红移。

　　对于中性的一价铜化合物,可以看到所有化合物的氧化电位都集中在 0.4 V 左右,配合物中配体共轭程度的增加对氧化电位没有太大影响,所以这类化合物的 HOMO 轨道也较为相似,同时它们的 LUMO 能级也没有太大的变化,由计算得出的 HOMO 和 LUMO 电子云的分布情况来看,电子的跃迁主要是从铜离子和碘离子向配体的氮杂芴环的部分跃迁,而由于共轭体系的改变主要体现在非氮杂芴环和取代基部分,因此共轭体系的变化对此类化合物HOMO 和 LUMO 的贡献不大。

3.3.5 发光光谱

为了较系统地研究系列一价铜配合物的发光性质,以化合物的最大吸收波长为激发波长,分别在二氯甲烷溶液中、固体状态和聚甲基丙烯酸甲酯(PMMA)薄膜中测定了它们的发射光谱图。通过以上图谱(见图 3-18 ~ 图 3-20)看到:化合物的发光颜色由蓝绿色到红色变化,发光区域在 400 ~ 800 nm,显示了较宽的发射光谱,而且没有精细振动结构出现,说明了激发态具有电子转移的特性,可以断定这样的发射光谱是基于 ^{3}MLCT 的磷光发射。

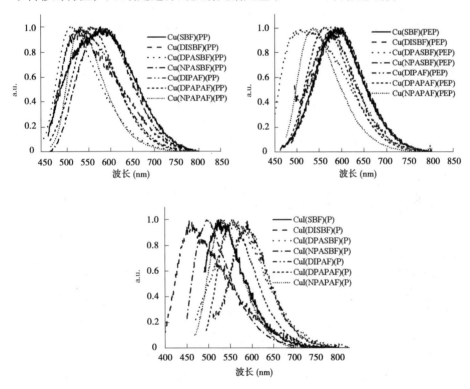

图 3-18 液体发光光谱

先来看 Cu(NN)(PP)(BF$_4$)类化合物的光谱,由图 3-16 显示,按照 Cu(SBF)(PP)(BF$_4$)、Cu(DISBF)(PP)(BF$_4$)、Cu(DPASBF)(PP)(BF$_4$)、Cu(NPASBF)(PP)(BF$_4$)、Cu(DIPAF)(PP)(BF$_4$)、Cu(DPAPAF)(PP)(BF$_4$)

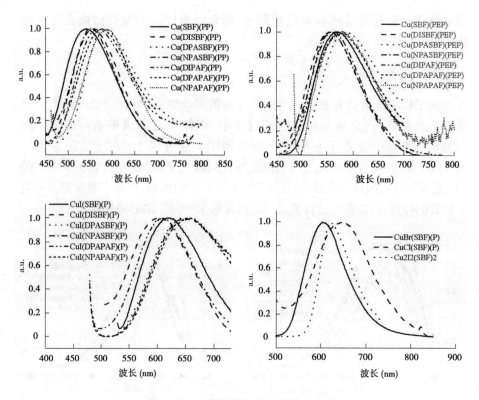

图 3-19　一价铜配合物固体发光光谱

和 Cu(NPAPF)(PP)(BF$_4$)的顺序,它们在液体中的主要发射峰波长分别位于 577 nm、531 nm、507 nm、590 nm、535 nm、554 nm 和 531 nm,由于它们在溶液中的淬灭较为严重,所以发光强度较弱。其中 Cu(SBF)(PP)(BF$_4$)在 530 nm 处还出现了一个肩峰,这可能是由于此化合物在激发态时由于其构型扭曲,使化合物不同产生的构型出现的不同发光波长的现象。而这些化合物的固体发光则比在溶液中增强很多,固体堆积的环境可能在一定程度上限制了激发态化合物的构型变化,减小了非辐射跃迁,提高了化合物的发光强度,这些化合物的主要发射峰分别位于(按照以上叙述的顺序)541 nm、559 nm、584 nm、550 nm、569 nm、579 nm 和 588 nm,可以看出,随着氮杂配体取代基共轭的增加,这些化合物发射光谱波长逐渐红移。再来看这些化合物在 PMMA 膜中的发光,由于 PMMA 能够给这些一价铜化合物提供一个较为刚性的环境,同时由于其在固体膜中的浓度小,能够有效地防止磷光化合物的三线态－三线态淬灭效应,而且 PMMA 与掺入的化合物没有能量传递,所以化合物在 PMMA

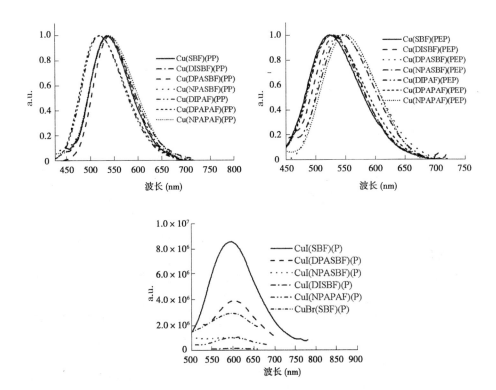

图3-20　一价铜配合物于PMMA薄膜中的发光光谱

膜中的发光能够反映出其单个分子的发光过程。这些化合物在PMMA膜中的主要发射波长为(按照以上叙述的顺序)536 nm、537 nm、543 nm、537 nm、519 nm、518 nm和540 nm。化合物在PMMA膜中的发光也跟化合物的共轭有较大关系,随着化合物共轭的增加发光红移,同时由于含螺芴衍生物的配体及较含芴类衍生物的配体共轭大,前四个化合物的发光波长明显比后三个波长要长。比较图3-18和图3-20可以看出:Cu(NN)(PP)(BF$_4$)系列化合物在PMMA膜中的发光谱带与固体发光谱带相比发生明显蓝移,蓝移的程度与配体的结构有关。例如:刚性结构较大的配合物Cu(SBF)(PP)(BF$_4$)只蓝移了5 nm;而配合物Cu(DIPAF)(PP)(BF$_4$)、Cu(DPAPAF)(PP)(BF$_4$)和Cu(NPAPF)(PP)(BF$_4$)由于刚性较差,分别蓝移了50 nm、61 nm和48 nm。一般来说,对于来自MLCT吸收跃迁的发光,由于基态和激发态时分子的极性差别较大,发光分子所处的环境对发光谱带的位置影响较大。

Cu(NN)(PEP)(BF$_4$)系列化合物在不同状态下的发光也跟Cu(NN)(PP)(BF$_4$)类化合物类似,在此不再详述。对比系列配合物Cu(NN)(PP)

（BF_4）和系列配合物 Cu（NN）（PEP）（BF_4）我们发现：由于膦配体刚性的增大，Cu（NN）（PEP）（BF_4）系列的配合物在固体状态下的发光谱带出现一定程度的红移，这种现象在含有较大的取代基的化合物中表现尤为明显。如固体 Cu（NPASBF）（PP）（BF_4）配合物的最大发光波长为 550 nm，而固体 Cu（NPASBF）（PEP）（BF_4）配合物的最大发光波长为 562 nm，后者比前者红移了 12 nm，这可能是由于固体状态下的堆积方式不同引起的。含膦配体对这些化合物在 PMMA 膜中的发光也有影响，但是不如在固体状态下的影响大，由于一价铜化合物是在浓度较小的情况下掺入 PMMA 中，可以反映单个分子的发光情况。量子化学计算结果结合上述实验结果说明：这类离子型 Cu（NN）（PEP）（BF_4）配合物的发光主要来源于金属铜离子到氮杂配体的（MLCT）电子跃迁，氮杂配体上取代基的电子效应对这些化合物的发光颜色和发光效率有一定的影响。

对于中性的一价铜配合物，由于卤素离子的空间位阻较小，以一价铜为配位中心的四面体结构刚性不强，所以它们的配合物的激发态容易受外界影响，在溶液中受溶剂分子的影响产生很强的荧光淬灭效应，导致溶液中的荧光很弱（见图 3-18）。其中 CuBr（SBF）（P）、CuCl（SBF）（P）和双核的 Cu_2I_2（SBF）$_2$、四核 Cu_4I_4（SBF）$_2$ 在溶液中未检测到发光信号。同时，还测试了碘代系列中性配合物在固体状态下的发光光谱（见图 3-19）。从图中可以看出：这类配合物的在橙红光范围表现出较强的磷光发射，它们的发光波长与氮杂配体的结构和共轭程度有关。按照 CuI（SBF）（P）、CuI（DISBF）（P）、CuI（DPASBF）（P）、CuI（NPASBF）（P）、CuI（DPAPAF）（P）和 CuI（NPAPAF）（P）的顺序，最大发光峰的位置分别为 619 nm、601 nm、650 nm、657 nm、609 nm、657 nm（CuI（DIPAF）（P）没有发光）。同时，我们也测定了 CuBr（SBF）（P）、CuCl（SBF）（P）和双核一价铜配合物 Cu_2I_2（SBF）$_2$ 的固体发光（Cu_4I_4（SBF）$_2$ 观察不到固体发光），它们的主要发光波长分别为 603 nm、647 nm 和 623 nm。通过对比 CuI（SBF）（P）、CuBr（SBF）（P）、CuCl（SBF）（P）三者的固体发光强度，可以看出：当中心铜离子形成了一个类似 Y 形状的三配位构型时，固体配合物的发光强度大大增加。如表 3-6 所示，CuI（SBF）（P）、CuBr（SBF）（P）的发光效率分别为 43.29% 和 19.55%，是所有中性一价铜配合物中最好的。CuCl（SBF）（P）虽然与前两者组成非常相似，但由于中心铜离子形成了四配位的类似变形四面体的配位构型，不仅发光强度大大降低，发光谱带的位置也发生了明显红移。总体来说，固体堆积的环境可能在一定程度上限制了激发态化合物的构型变化，使发光强度增加。有文献报道：当中心铜离子形成类似 Y

形状的三配位构型时,其激发态的变形性会比四面体构型减小很多,因为四面体构型在空间位阻不太大时,激发态容易变形成四方形结构,导致发光淬灭。这些化合物在固体中的发光强度要比液体中的发光强度增强很多,$CuI(SBF)(P)$、$CuBr(SBF)(P)$ 和 $Cu_2I_2(SBF)_2$ 有较高的发光强度。

表 3-6 化合物的光学性能数据

化合物	液体荧光发射波长(nm)	固体粉末荧光发射波长(nm)(发光效率%)	掺入 PMMA 荧光发射波长(nm)(发光效率%)
$Cu(SBF)(PP)(BF_4)$	583	541 (7.33)	536 (3.16)
$Cu(DISBF)(PP)(BF_4)$	531	559 (4.75)	537 (1.65)
$Cu(DPASBF)(PP)(BF_4)$	514	542 (32.66)	543 (26.17)
$Cu(NPASBF)(PP)(BF_4)$	590	550 (10.98)	537 (5.07)
$Cu(DIPAF)(PP)(BF_4)$	531	533 (7.43)	519 (6.18)
$Cu(DPAPAF)(PP)(BF_4)$	554	548 (15.32)	518 (10.55)
$Cu(NPAPAF)(PP)(BF_4)$	531	540 (9.61)	540 (4.40)
$Cu(SBF)(PEP)(BF_4)$	586	544 (7.34)	524 (3.09)
$Cu(DISBF)(PEP)(BF_4)$	591	556 (5.66)	535 (1.9)
$Cu(DPASBF)(PEP)(BF_4)$	525	552 (22.56)	542 (17.42)
$Cu(NPASBF)(PEP)(BF_4)$	578	562 (7.86)	546 (4.82)
$Cu(DIPAF)(PEP)(BF_4)$	586	559 (6.59)	526 (3.23)
$Cu(DPAPAF)(PEP)(BF_4)$	562	556 (12.43)	528 (7.80)
$Cu(NPAPAF)(PEP)(BF_4)$	537	579 (8.93)	549 (5.65)
$CuI(SBF)(P)$	518	594 (43.29)	597 (15.33)
$CuI(DISBF)(P)$	463	601 (4.17)	605 (2.01)
$CuI(DPASBF)(P)$	505	650 (5.16)	605 (3.12)
$CuI(NPASBF)(P)$	499	617 (6.64)	591 (4.66)
$CuI(DIPAF)(P)$	590	598 (3.31)	600 (0.55)
$CuI(DPAPAF)(P)$	557	609 (4.91)	无
$CuI(NPAPAF)(P)$	532	657 (3.04)	613 (1.39)
$CuBr(SBF)(P)$	无	603 (19.55)	无
$CuCl(SBF)(P)$	无	647 (9.00)	无
$Cu_2I_2(SBF)_2$	无	623 (8.14)	无
$Cu_4I_4(SBF)_2$	无	无	无

为了进一步研究这些中性一价铜化合物的发光性能,还测试了它们在 PMMA 中的发光性能,我们发现了一个出乎意料的现象,根据图 3-20,在 PM-MA 中除 CuI(SBF)(P)的发光较强外,其他发光都比较弱。这些化合物在 PMMA 中的发光现象跟阳离子型的一价铜化合物的发光现象正好相反,据文献[28,29]报道,这些化合物在固体状态的发光较强的原因可能是相互作用所导致的。CuBr(SBF)(P)的晶体堆积图,如图 3-21 所示,两个邻近分子中的三苯基磷的两个平行的苯环与苯环之间距离为 3.396 Å,证明化合物之间有较强的 ππ 相互作用,我们在其他中性一价铜化合物 CuCl(SBF)(P)和双核一价铜配合物 $Cu_2I_2(SBF)_2$ 的晶体结构堆积图中也发现了类似的堆积作用。我们认为这些化合物由于其自身的配位环境刚性不强,所以容易在激发态时由于配位环境的变形引起非辐射跃迁,造成发光的淬灭,而固体状态下由于较强的 ππ 相互作用,造成较为刚性的配位环境,最终使这些化合物发光增强。

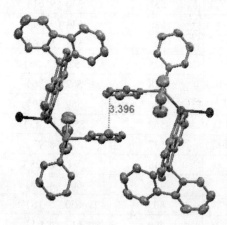

图 3-21　CuBr(SBF)(P)的晶体堆积图

测试了 2 个系列的一价铜化合物在固体状态下和在 PMMA 膜中的量子效率,如表 3-6 所示,发现 Cu(DPASBF)(PP)(BF_4)、Cu(DPAPAF)(PP)(BF_4)、Cu(DPASBF)(PEP)(BF_4)和 CuI(SBF)(P)这 4 个化合物有较高的量子效率。

3.3.6 有机电致发光性能

3.3.6.1 有机电致发光器件结构和制备过程

由于这一系列化合物的蒸镀性能不好,所以我们利用溶剂法制备了电致发光器件(PLED)。为了考察不同配体对此类一价铜化合物电致发光性能的影响,我们分别选用 Cu(SBF)(PP)(BF₄)、Cu(DPAPAF)(PP)(BF₄)、CuI(SBF)(P)、Cu(DPASBF)(PEP)(BF₄)和 Cu(DISBF)(PP)(BF₄)五个化合物作为掺杂的客体材料(见图 3-22),将 PVK 作为主体材料,由于 PVK 是一种具有空穴传输能力的主体材料,为了提高发光层的电子传输能力,还需掺入一定量的 OXD-7。此类化合物的发光器件都采用三层的器件结构,以 PEDOT:PSS 这种常用的空穴注入材料为空穴注入层,PVK 掺杂发光材料作为发光层,TPBI 作为电子传输层。器件的具体制备过程如下:

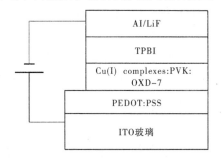

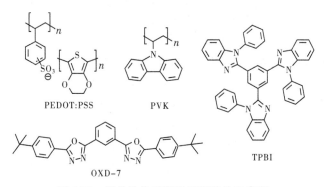

图 3-22 器件结构及所用材料结构示意图

(1)配 PVK 的溶液(6 mg/mL):称取 PVK 放到装有磁子的样品瓶中,然后加入分析纯的 1,2-二氯乙烷(注:做 LEC 一般用乙腈做溶剂,但是,做 OLED 一般用 1,2-二氯乙烷做溶剂,因为 PVK 在乙腈中不溶解),最后放在搅拌器上室温下搅拌大约一夜(因为不好溶解)。

(2)将紫外烘箱打开预热 10 min,将片子放进去照射 4 min(时间太长也是不太好),放置 5 min,等片子凉下来。

(3)将 Pedot:PSS8000 加水稀释一倍。先将盛 Pedot:PSS8000 的瓶子摇匀,用移液枪取出 1 mL,然后加入 1 mL 的水,然后再摇匀。

(4)甩 Pedot:PSS8000 膜。用注射器取出配好的 2 mL 的 Pedot:PSS8000 溶液,滤头过滤后均匀地涂在片子上(注:不是只涂中间部分让其自然溢到边缘,而是画圈式的滴涂法,将溶液铺满片子的边缘),然后盖上培养皿,设定低速 500 r/min 转 6 s,然后 3 000 r/min 转 60 s,片子涂好后用去离子水擦出阴、阳极,然后在 200 ℃的热板上退火 10 min。

(5)配溶液,使 OXD - 7 染料的质量比为 3:1。称取 3 mg 的 OXD - 7 和 1 mg 的染料,取 1 mL 上面配好的 PVK 的 1,2 - 二氯乙烷溶液加到称好的 3 mg 的 OXD - 7 和 1 mg 的染料中,刚好使 PVK:OXD - 7:染料 = 6:3:1(质量比),然后慢慢摇匀使材料溶解完全。

(6)甩 PVK:OXD - 7:染料膜。用无尘布蘸取 DCM 对甩盘进行擦拭,然后用注射器取 0.5 mL(或 1 mL)PVK:OXD - 7:染料溶液,滤头过滤后均匀地涂在片子上(注:不是只涂中间部分让其自然溢到周围,而是在片子的中间的四个发光点处画圈式进行滴涂,将溶液均匀地铺在片子的中间,因为量少不能铺满整个片子),然后盖上盖子,关循环风,设定 2 s 升到 2 000 r/min 左右,旋涂 30 s,片子涂好后用 DCM 擦出阴、阳极,然后在 80 ℃的热板上退火 30 min。

(7)蒸镀有机层和阴极。将制备好的基片放入真空室,当压力降到 5×10^{-4} Pa 以下时开始蒸镀有机层和阴极材料,在这里我们用 Al/LiF 作为阴极。

(8)器件制备完毕,进行光学和电学性能的测定。

3.3.6.2 基于 Cu(SBF)(PP)(BF₄) 的 PLED 性能的研究

此次制作了三个器件 Cu:PVK:OXD - 7(50 ~ 60 nm) / TPBI(20 nm) / LiF / Al,Cu(I)化合物的掺杂比例(质量比)为 10%、5%、1%。我们发现这几个器件的发光亮度不高,其中掺杂比例为 10% 时的器件亮度最高,在电流密度为 71.58 mA/cm² 时亮度为 2.46 cd/m²,此器件在 4.99 mA/cm² 时的电流效率为 0.03 cd/A。

图 3-23 为器件在不同掺杂浓度的 EL 光谱图,图中显示波长位于 570 nm 的发射峰为化合物 Cu(SBF)(PP)(BF₄)的发射峰,其中掺杂浓度为 10% 的器件在 14 V 的色坐标为(0.45,0.51),是典型的黄光发射,器件在掺杂浓度 5% 和 1% 的发光性能不理想,但是这三个不同浓度的掺杂器件的发射峰的位置

基本相同。掺杂浓度为5%和1%时的器件发射峰在430 nm左右出现了PVK的发射峰,如图3-23所示,我们推断可能是由于掺杂浓度小,激子在发光层形成后,不能有效传递给$Cu(SBF)(PP)(BF_4)$;导致器件在掺杂浓度为10%的电致发光光谱较纯,没有出现PVK或者其他功能层的发光,说明在此浓度下,载流子在发光层相遇形成的激子被$Cu(SBF)(PP)(BF_4)$完全捕获,同时也使器件的性能提高。

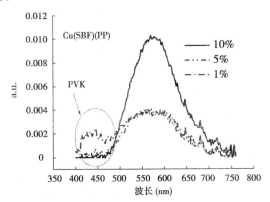

图3-23　基于化合物$Cu(SBF)(PP)(BF_4)$器件在14 V掺杂浓度为
10%、5%和1%时的电致发光光谱图

3.3.6.3　基于$Cu(DPAPAF)(PP)(BF_4)$的PLED性能的研究

以$Cu(DPAPAF)(PP)(BF_4)$为客体发光材料制作了四个器件,器件基本结构为$PEDOT:PSS / Cu:PVK:OXD-7(50\sim60\ nm) / TPBI(20\ nm) / LiF / Al$,$Cu(I)$化合物的掺杂比例(质量比)为1%、5%、10%和20%。

图3-24(a)为四个不同掺杂浓度的电流—亮度—电压($J-L-V$)曲线,这

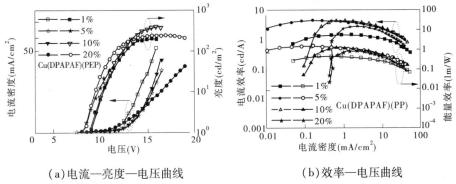

(a)电流—亮度—电压曲线　　　　　　(b)效率—电压曲线

图3-24　基于化合物$Cu(DPAPAF)(PP)(BF_4)$的电致发光器件性质曲线

四个器件的启亮电压都在 9 V 左右,说明它们都有较好的载流子传输性能。Cu(DPAPAF)(PP)(BF$_4$)掺杂浓度为 1%、5%、10% 和 20% 的器件的最大亮度分别为 198 cd/m^2、369 cd/m^2、388 cd/m^2 和 237 cd/m^2,可以看出掺杂浓度为 5% 和 10% 的器件的亮度较高,表明此时的掺杂浓度可以使客体材料有效地捕获激子,从而使器件的亮度达到较高的水平。图 3-24(b)为器件的效率—电压曲线,掺杂浓度为 5% 和 10% 的器件的效率也是这 4 个器件中最好的,它们的最大电流效率分别为 4.53 cd/A 和 4.65 cd/A,相应的能量效率分别为 1.50 lm/W 和 1.27 lm/W,而且随着电压升高的 2 个器件效率滑落较为缓慢,在亮度为 200 cd/m^{2}时,电流效率分别为 2.73 cd/A 和 2.98 cd/A。而对于掺杂浓度最高为 20% 的器件,由于客体材料 Cu(DPAPAF)(PP)(BF$_4$)分子间距离较近,很容易发生三线态三线态之间的浓度淬灭效应,所以此器件的亮度(最大亮度为 237.54 cd/m^2)和效率(最大电流效率为 2.86 cd/A)相对较低,而且此器件随着电压升高的 2 个器件效率滑落明显,在亮度为 200 cd/m^{2}时,电流效率下降到 1.61 cd/A。而对于掺杂浓度为 1% 的器件来说,其器件性能是最差的 1 个,其最大亮度为 198 cd/m^2 和最大电流效率为 1.49 cd/A,较小的掺杂浓度可能是器件性能下降的主要原因;当掺杂浓度较小时,激子不能有效地传递,造成此器件性能不佳。

图 3-25 为基于 Cu(DPAPAF)(PP)(BF$_4$)的器件在 12 V 时的光谱图,它们的主要发射峰位于 570 nm,是典型的黄光发射。其中,掺杂浓度为 10% 和 20% 的发光较纯,说明此时的激子被客体分子 Cu(DPAPAF)(PP)(BF$_4$)完全捕获,但是掺杂浓度为 1% 和 5% 的器件的光谱不同程度地出现了 PVK 的发射峰,较小的浓度使激子在客体分子上饱和,多余的激子在主体材料 PVK 上直接发生了辐射跃迁,导致 PVK 的发射光谱出现。

同时发现,随着掺杂浓度的增加,电致光谱有变窄的趋势,在波长为 500~550 nm 有 1 个发射峰出现,并且随着掺杂浓度增加,其强度逐渐减小,我们判断这可能是由于出现了激基复合物或激基缔合物导致的这个未知的发射峰出现,我们推断这个未知峰的出现可能与 TPBI 有关,如在 1% 掺杂浓度下,发光层所含的客体材料较少,不能有效地捕获激子,所以此时激子捕获发光区域应该比较靠近 TPBI 电子传输层;在增加了掺杂浓度后,载流子复合形成激子的区域更倾向于集中远离电子传输层的发光层的中间区域。所以,未知峰的出现应该是出现了激基复合物所导致的,即不同的发光分子在激发态的相互作用导致的发射峰。

最后发现,Cu(DPAPAF)(PP)(BF$_4$)的掺杂浓度为 10% 时器件的性能是

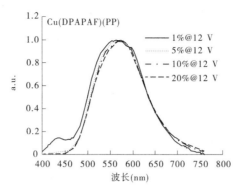

图 3-25　基于化合物 Cu(DPAPAF)(PP)(BF₄)
的电致发光器件在 12 V 时的发光光谱

最好的,由于合适的掺杂浓度,使 Cu(DPAPAF)(PP)(BF₄)能够完全捕获激子而且不发生淬灭效应,同时也较好地防止了激基复合物的出现,使发光光谱更纯。

3.3.6.4　基于 Cu(DPASBF)(PEP)(BF₄)的 PLED 性能的研究

以 Cu(DPASBF)(PEP)(BF₄)为客体发光材料制作了 2 个器件,器件基本结构为 PEDOT:PSS / Cu:PVK:OXD－7(50～60 nm) / TPBI（20 nm）/ LiF / Al,Cu(I)化合物的掺杂比例(质量比)为 10% 和 20%。

图 3-26 为化合物 Cu(DPASBF)(PEP)(BF₄)的电致发光器件性质曲线,其中图 3-26(a)为掺杂浓度为 10% 和 20% 的电流—亮度—电压(J—L—V)曲线,这两个器件的启亮电压(按照掺杂浓度为 10% 和 20% 的顺序)分别为 10.5 V 和 11.5 V,最大亮度分别为 1 614.80 cd/m² 和 521.85 cd/m²。可以明显看出,掺杂浓度为 10% 的器件效果明显好于掺杂浓度为 20% 的器件,掺杂浓度应该是影响器件效果的主要原因。掺杂浓度为 10% 的器件,由于器件掺杂浓度较为合适,所以客体材料 Cu(DPASBF)(PEP)(BF₄)能够有效捕获载流子而不发生淬灭;对于掺杂浓度为 20% 的器件,其器件由于在发光过程中出现明显的三线态淬灭,所以造成器件亮度的下降。这些差别也体现在器件的效率上。图 3-26(b)为器件的效率—电流密度曲线,可以看出掺杂浓度为 10% 的器件效率是最高的,在电流密度为 0.63 mA/cm² 时其电流效率达到了 6.11 cd/A,相应功率效率为 1.37 lm/W,并且此器件随着电流的升高效率的滑落缓慢,在电流密度为 3.25 mA/cm²、亮度为 168.62 cd/m² 时,其电流效率为 5.03 cd/A;而掺杂浓度为 20% 的器件最大效率在电流密度为 0.018 7 mA/cm² 时的电流效率和功率效率分别为 5.93 cd/A 和 1.62 lm/W,可以看出

最大效率与掺杂浓度为10%的器件相比没有太大差别,不过掺杂浓度为20%的器件是在电流密度较小的时候就达到了最大的效率,这是由于其掺杂浓度较高,相对的客体材料密度较大,其相应捕获激子的客体分子较多所致,在电流密度超过0.018 7 mA/cm²之后,此器件出现了较为明显的效率的滑落,在电流密度为6.41 mA/cm²亮度为153.97 cd/m²时,其相应的电流效率和功率效率分别下降到2.40 cd/A和0.43 lm/W。可以看出由于掺杂浓度较高,掺杂浓度为20%的器件出现明显的三线态淬灭效应,并且高掺杂浓度明显对器件的性能有很大的影响。

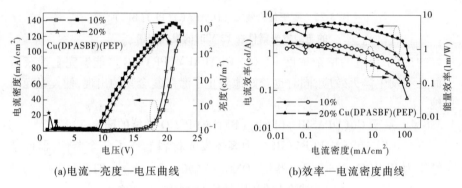

(a)电流—亮度—电压曲线　　　(b)效率—电流密度曲线

图3-26　基于化合物 Cu(DPASBF)(PEP)(BF₄)的
电致发光器件性质曲线

图3-27为器件在不同电压下的光谱图,可以看到,由于掺杂浓度较为合适,载流子能够被完全捕获,2个器件都没有 PVK 的发射峰出现。同时,发现了1个有意思的现象,这2个器件的发射光谱随着电压的升高都出现了红移的现象,如掺杂浓度为10%的器件在14 V、16 V和18 V的光谱峰值分别为570 nm、578 nm和582 nm,而掺杂浓度为20%的器件在图示的各个不同电压的光谱峰值分别为584 nm、585 nm、589 nm和590 nm。据文献[30]报道,这样的现象是由于外加的电场导致一价铜配合物的构型的形变引起的,我们推测外加电场越强对此类化合物的构型影响越大,于是造成了光谱随电压的增加而红移的现象。虽然发光光谱都有所红移,但是这2个器件的发光依然在黄光的范围内,如掺杂浓度为10%和20%的器件电致发光在14~18 V和14~20 V时的色坐标分别为(0.46,0.52),(0.47,0.50)和(0.48,0.50),(0.50,0.48)。我们也在 Cu(DPAPAF)(PP)(BF₄)的电致发光光谱中发现了这个现象,在此不再详细叙述。

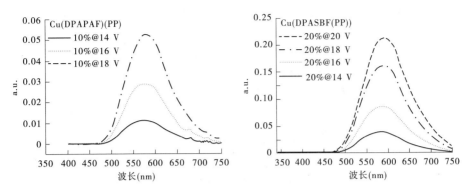

图 3-27　基于化合物 Cu(DPASBF)(PEP)(BF₄) 的
电致发光器件在不同电压下的发光光谱

3.3.6.5　基于 Cu(DISBF)(PP)(BF₄) 的 PLED 性能的研究

以 Cu(DISBF)(PP)(BF₄) 为客体发光材料制作了 2 个器件,器件基本结构为 PEDOT:PSS / Cu:PVK :OXD - 7(50 ~ 60 nm) / TPBI (20 nm) / LiF / Al,Cu(I)化合物的掺杂比例(质量比)为 10% 和 20% 。

图 3-28 为基于化合物 Cu(DISBF)(PP)(BF₄) 掺杂浓度为 10% 、20% 的电致发光器件性质曲线,这两个器件的启亮电压较高,都在 14. 5 V 左右,掺杂浓度为 10% 和 20% 的最大亮度分别为 22. 4 cd/m² 和 13. 4 cd/m²,可以看出这 2 个器件的性能较差,并且器件的效率较低,掺杂浓度为 10% 和 20% 的最大电流效率分别为 0. 49 cd/A 和 0. 47 cd/A。

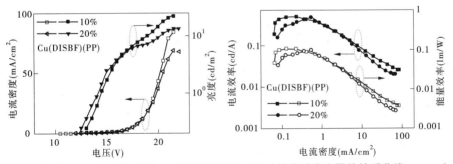

图 3-28　基于化合物 Cu(DISBF)(PP)(BF₄) 的电致发光器件性质曲线

图 3-29 为 2 个不同掺杂浓度下 2 个器件在不同电压的光谱图,可以看到 2 个器件都有很宽的发光范围,发光范围几乎覆盖了整个可见光区,并且向近红外发光区域延伸,由于我们的电致发光的光谱测试设备的测试范围只是包

含了可见光区（400～760 nm），所以在此没有将此发光光谱的全部波段显示出来。这2个器件的发光光谱主要由615 nm和510 nm两个发射峰组成，但是其发光的颜色还是黄颜色。我们初步判断在波长为615 nm的主要发射为化合物$Cu(DISBF)(PEP)(BF_4)$的发射峰，一般情况下，一价铜化合物的电致发光光谱都会比光致发光光谱红移，此化合物在溶液、固体以及PMMA膜中的发光波长分别为531 nm、559 nm和537，由于化合物中没有大的位阻基团，所以结构较容易变形，在电场作用下非辐射跃迁较为严重，所以造成了其发光光谱比较大的红移，而这2个器件在510 nm的肩峰应该是一个激基复合物或激基缔合物的发射峰，我们看到这个肩峰的发光强度随着电压的升高跟主峰强度比较没有太大的变化，说明激子的复合范围对此发光没有多大影响，所以我们判断可能是由于化合物$Cu(DISBF)(PEP)(BF_4)$与PVK或者OXD-7产生了激基复合物而引起的这个肩峰的发射。

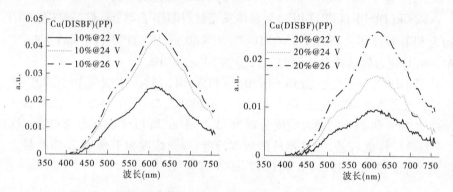

图3-29 基于化合物$Cu(DISBF)(PP)(BF_4)$的
电致发光器件在不同电压下的发光光谱

3.3.6.6 基于CuI(SBF)(P)的PLED性能的研究

以CuI(SBF)(P)为客体发光材料制作了2个器件，器件基本结构为PE-DOT：PSS/Cu：PVK：OXD-7(50～60 nm)／TPBI(20 nm)／LiF／Al，Cu(I)化合物的掺杂比例（质量比）为10%和20%。

这2个器件的性能也较差，掺杂浓度为10%的器件的最大亮度在22.5 V达到了33.6 cd/m²，而掺杂浓度为20%的器件最大亮度在30 V达到了22.52 cd/m²。掺杂浓度为10%和20%的器件的最大电流效率分别为0.21 cd/A和0.12 cd/A。

图3-30为这2个器件分别在22 V和26 V电压下的电致发光光谱，图中显示这2个器件的发光光谱也较宽，主要的发射峰位于610 nm左右，但是这

两个光谱中也出现了 1 个位于 510 nm 的肩峰,同时还有 PVK 在 430 nm 左右的发射峰出现,其中 610 nm 的发射峰可能还是出现了激基复合物,PVK 的发射峰的出现表明 PVK 的能量不能有效地传递给化合物CuI(SBF)(P),从 CuI(SBF)(P)的吸收光谱来看,其较低能级的吸收波长集中在 350~370 nm,而 PVK 的发射波长在 430 nm 左右,CuI(SBF)(P)的吸收光谱的吸收光谱不能与 PVK 的发射光谱有效地重叠,所以导致了 PVK 发射峰的出现,同时也是器件性能不好的原因之一。

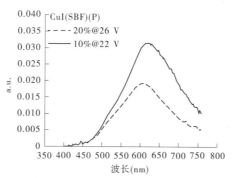

图 3-30　基于化合物 CuI(SBF)(P)的电致发光器件在不同
电压下的发光光谱

3.3.6.7　PLED 的能量转移过程的研究

在有机电致发光器件中,对于掺杂的磷光体系,主要有两种能量传递方式,一种是基于共振转移的 Förster 能量传递,这样的能量传递方式要求主体材料的发射峰和客体材料的吸收峰要有较大的重叠,重叠部分越大,能量传递就越好,由于这样的能量传递方式是偶极子相互之间的作用,因此 Förster 能量传递能够在较远的距离发生,这种能量转移可以有两种方式:一种是单线态和单线态的能量转移及三线态和单线态的能量转移;另外一种是基于交换转移的 Dexter 能量传递,这种能量转移只有在主体材料与客体材料的分子之间距离较近时才能发生,当分子之间的电子云重叠的时候激发态的分子才能够把能量传递到另外的分子上,这种能量转移只有一种方式,即三线态和三线态的能量转移。但是对于掺杂体系的有机电致发光器件来说,具体是哪种能量传递占主导地位,还要根据实际情况来判断,有可能一种能量传递方式占优势,也有可能这 2 种能量传递方式都起着主导作用。

对于这 2 种能量传递方式,一般来说,能够从电致发光器件的发光光谱中判断出来。对于我们的体系来说,首先应该是空穴和电子分别由阳极和阴极迁移到发光层,然后在主体材料 PVK 上的空穴和电子复合形成激子,再通过能量传递到客体磷光一价铜化合物分子上,激子再经过分子内的能量弛豫导致客体磷光分子发光,如果激子不能有效传递到客体分子上,此时就会导致主体材料发光。如图 3-24 所示基于化合物 Cu(DPAPAF)(PP)(BF$_4$)在不同掺杂浓度的电致发光光谱图,当掺杂的化合物 Cu(DPAPAF)(PP)(BF$_4$)浓度过低的时候,基于此化合物的器件出现了 PVK 的发光,如图中所示 Cu(DPA-PAF)(PP)(BF$_4$)的掺杂浓度为 1% 和 5% 时的电致发光光谱中出现了 PVK 的发射峰,但是当掺杂浓度增加到 10% 和 20% 时,PVK 的发射峰消失,这个现象说明了这两种能量传递方式的存在,这样的现象也发生在其他 4 个器件的发光光谱。

当然,在掺杂器件中除能量传递可以导致客体分子发光外,客体分子也可以直接捕获空穴和电子,从而在客体分子上形成激子使其发光,此过程被称为激子捕获(Carrier Trapping)过程。这种方式能够使客体分子不通过主体材料获得能量而发光。激子捕获过程需要主体分子有较大的带隙,能够将客体材料的最高占据轨道(HOMO)和最低未占轨道(LUMO)包含在其中,从而形成电子和空穴陷阱,进而发生激子捕获过程。激子捕获不仅能够使客体分子直接获得能量,同时由于电荷积累的现象,能够有效地减小空穴的注入,增加电子的注入,从而平衡载流子的注入,提高器件的性能。

由图 3-31 可以看到,所有一价铜化合物的能级都包含在 PVK 的能级之内,都有较大的能级差,说明这些器件都较容易发生激子捕获。激子捕获应该是这样一个过程,如图 3-31 所示,以 Cu(SBF)(PP)(BF$_4$)的器件为例,空穴由阳极通过空穴注入层 PEDOT 后直接传递到主体材料 PVK 的 HOMO 轨道上,同时电子由阴极通过电子传输层 TPBI 后传递到主体材料 PVK 的 LUMO 轨道上,此时由于较大的能级差,空穴和电子分别通过 PVK 的 HOMO 和 LUMO 陷落到 Cu(SBF)(PP)(BF$_4$)的 HOMO 和 LUMO 上,空穴和电子在客体 Cu(SBF)(PP)(BF$_4$)分子上直接形成激子使其发光。

激子捕获的直接证据是掺杂器件较不掺杂器件在同样电压下电流密度降低,开启电压升高。如基于化合物 Cu(DPAPAF)(PP)(BF$_4$)的器件,由图 3-31,掺杂浓度为 5% 和 10% 的器件,在电压为 10 ~ 13 V 时,与掺杂浓度为 1% 的器件相比明显地出现了电流降低的现象,并且其器件的启亮电压明显升高,如掺杂浓度为 1% 、5% 和 10% 的启亮电压分别为 8.7 V、8.9 V 和 9.1 V(器件掺杂浓度为 20% 的器件由于掺杂浓度过高,不能用于此规律),这些证据说明了基于一价铜化合物的器件发生了激子捕获的过程。

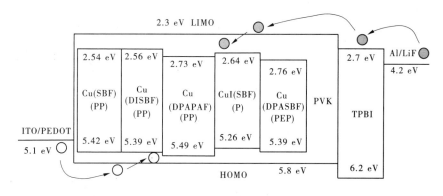

图 3-31　PLED 器件能级示意图和激子捕获过程示意图
（实心圆球和空心圆球分别表示电子和空穴）

对于发光器件,能量传递的方式固然重要,但是能够充分利用这些能量使其转化为光能则显得更加有意义。

对于这些一价铜化合物,还发现这些化合物的量子效率和器件性能的关系较大(当然这个规律是一个较为普遍的规律),发光效率高的化合物,其器件的性能也会比较好,如 Cu(DPAPAF)(PP)(BF$_4$) 和 Cu(DPASBF)(PEP)(BF$_4$)的发光效率相对较高,发光效率分别为 17% 和 18%,其器件的性能也是这几个器件中较为优秀的。

同时发现这类器件的性能强烈地依赖化合物构型的刚性,因为电激发过程可能比光激发过程更容易使一价铜化合物的构型在激发态发生变化,有较大位阻基团的一价铜化合物的构型不容易在激发态发生扭曲,可以减小非辐射跃迁造成的能量损失,提高器件的性能。通过对比这五个器件的光致发光和电致发光的光谱,我们发现电致发光的光谱都较光致发光光谱发生了红移。但是由于有较大的位阻基团和刚性,基于 Cu(DPASBF)(PEP)(BF$_4$)的器件是这几个器件中性能最好的。而基于化合物 CuI(SBF)(P) 的器件,虽然这个化合物是一个三配位的 Y 字母构型,但是由于没有大的位阻基团导致其配位环境不够稳定,没有配位的氮原子也可能在激发态时与铜离子配位形成四配位的四面体构型,所以多种配位模式使其在激发态非辐射跃迁的概率增大,因此即使化合物 CuI(SBF)(P) 有较高的发光效率(43%),但是其器件性能依然不理想。

对于电致发光性能较为优秀的两个化合物 Cu(DPAPAF)(PP)(BF$_4$) 和 Cu(DPASBF)(PEP)(BF$_4$)来说,除它们的发光效率和构型的优势外,它们的氮杂配体的双极传输性能也是其电致发光性能较好的原因,双极传输的性能使基于它们的器件载流子传输更加平衡,提高了器件的稳定性,使它们的器件更充分地利用激子发光,使器件效果更加优秀。

3.4 小 结

本章合成了 2 个系列结构新颖的一价铜配合物,共 23 个化合物,通过元素分析和质谱对这些化合物进行了确认。另外,得到了 7 个化合物的单晶,并通过单晶衍射法对它们的结构进行了确认,这 7 个一价铜化合物的单晶结构显示了丰富的配位模式,这些单晶可分为单核、双核和四核的一价铜化合物,其中单核的一价铜配合物有两种配位模式,即配四位和三配位。

测试了这些化合物的电化学性质,并通过电化学性质计算出了这些化合物的最高占据轨道(HOMO)和最低未占轨道(LUMO)能级。通过最高占据轨道(HOMO)和最低未占轨道(LUMO)能级我们看到,这些化合物都有较为合适的能级,比较适合电子和空穴的传输,有作为电致发光材料的潜力。

从这些化合物的紫外吸收光谱来看,这些化合物在较低能量的吸收证明了存在 MLCT 或者 MLCT 和 XLCT 的吸收,说明这些化合物的发光是基于 ^{3}MLCT 的磷光发光材料。我们进一步进行了计算机模拟,通过最高占据轨道(HOMO)和最低未占轨道(LUMO)能级电子云的分布情况,进一步证明了 MLCT 吸收的存在。

通过对这些化合物发光性能的测试,发现这些一价铜化合物有较好的发光性能,它们的发光波长从 510 nm 的绿光区向 620 nm 的红光区变化,其中 Cu(DPASBF)(PP)(BF$_4$)、Cu(DPAPAF)(PP)(BF$_4$)、Cu(DPASBF)(PEP)(BF$_4$)和 CuI(SBF)(P)这 4 个化合物有较高的量子效率。

通过测试 Cu(SBF)(PP)(BF$_4$)、Cu(DPAPAF)(PP)(BF$_4$)、CuI(SBF)(P)、Cu(DPASBF)(PEP)(BF$_4$)和 Cu(DISBF)(PP)(BF$_4$)等 5 个化合物的电致发光性能,其中基于 Cu(DPAPAF)(PP)(BF$_4$)和 Cu(DPASBF)(PEP)(BF$_4$)的器件有优秀的电致发光性能。以 Cu(DPAPAF)(PP)(BF$_4$)为客体材料制备的器件最大亮度达到了 388 cd/m^2,其最大电流效率为 4.65 cd/A,相应的能量效率为 1.27 lm/W。以 Cu(DPASBF)(PEP)(BF$_4$)为客体材料制备的器件更为优秀,最大亮度达到了 1 614.80 cd/m^2,其最大电流效率为 6.11 cd/A,相应功率效率为 1.37 lm/W。通过对这些器件的深入分析,还发现化合物高的发光效率,结构较大的刚性以及优秀的载流子传输能力是这两个化合物具有较好的电致发光性能的主要原因。

参考文献

[1] Baldo M A, O'Brien D F, You Y, et al. Highly efficient phosphorescent emission from organic electroluminescent devices[J]. Nature, 1998, 395: 151-154.

[2] Adachi C, Baldo M A, Thompson M E, et al. Nearly 100% internal phosphorescence efficiency in an organic light-emitting device[J]. J Appl Phy, 2001, 90: 5048-5051.

[3] Baldo M A, Lamansky S, Burrows P E, et al. Very high-efficiency green organic light-emitting devices based on electrophosphorescence[J]. Appl Phy Lett, 1999, 75: 4-6.

[4] D'Andrade B W, Brooks J, Adamovich V, et al. White light emission using triplet excimers in electrophosphorescent organic light-emitting devices[J]. Adv Mater, 2002, 14: 1032-1036.

[5] D'Andrade B W, Thompson M E, Forrest S R. Controlling exciton diffusion in multilayer white phosphorescent organic light emitting devices[J]. Adv Mater, 2002, 14: 147-151.

[6] Chang S-C, He G, Chen F-C, et al. Degradation mechanism of phosphorescent-dye – doped polymer light-emitting diodes[J]. Appl Phy Lett, 2001, 79: 2088-2090.

[7] Kwong R C, Sibley S, Dubovoy T, et al. Efficient, saturated red organic light emitting devices based on phosphorescent platinum(ii) porphyrins[J]. Chem Mater, 1999, 11: 3709-3713.

[8] Lu W, Mi B-X, Chan M C W, et al. [(c[caret]n[caret]n)pt(c[triple bond, length as m-dash]c)r] (hc[caret]n[caret]n = 6-aryl-2, 2[prime or minute] – bipyridine, n = 1 – 4, r = aryl, sime3) as a new class of light-emitting materials and their applications in electrophosphorescent devices[J]. Chem Commu, 2002:206-207.

[9] Gong X, Robinson M R, Ostrowski J C, et al. High-efficiency polymer-based electrophosphorescent devices[J]. Adv Mater, 2002, 14: 581-585.

[10] Zhu W, Mo Y, Yuan M, et al. Highly efficient electrophosphorescent devices based on conjugated polymers doped with iridium complexes[J]. Appl Phy Lett, 2002, 80: 2045-2047.

[11] Jiang X, Jen A K-Y, Carlson B, et al. Red electrophosphorescence from osmium complexes[J]. Appl Phy Lett, 2002, 80: 713-715.

[12] Carlson B, Phelan G D, Kaminsky W, et al. Divalent osmium complexes:Synthesis, characterization, strong red phosphorescence, and electrophosphorescence[J]. J Am Chem Soc, 2002, 124: 14162-14172.

[13] Kim J H, Liu M S, Jen A K-Y, et al. Bright red-emitting electrophosphorescent device using osmium complex as a triplet emitter[J]. Appl Phy Lett, 2003, 83: 776-778.

[14] Chan W K, Ng P K, Gong X, et al. Light-emitting multifunctional rhenium (I) and ruthenium (II) 2,2[sup [prime]]-bipyridyl complexes with bipolar character[J]. Appl Phy Lett, 1999, 75: 3920-3922.

[15] Gong X, Ng P K, Chan W K. Trifunctional light-emitting molecules based on rhenium and ruthenium bipyridine complexes[J]. Adv Mater, 1998, 10: 1337-1340.

[16] Scaltrito D V, Thompson D W, O'Callaghan J A, et al. Mlct excited states of cuprous bis-phenanthroline coordination compounds[J]. Coor Chem Rev, 2000, 208: 243-266.

[17] Armaroli N. Photoactive mono-and polynuclear Cu (I). A viable alternative to Ru(II)[J]. Chem Soc Rev, 2001, 30: 113-124.

[18] McMillin D R, McNett K M. Photoprocesses of copper complexes that bind to DNA[J]. Chem Rev, 1998, 98: 1201-1220.

[19] Buckner M T, McMillin D R. Photoluminescence from copper(I) complexes with low – lying metal-to-ligand charge transfer excited states[J]. Journal of the Chemical Society, Chemical Communications, 1978, 759-761.

[20] Rader R A, McMillin D R, Buckner M T, et al. Photostudies of 2,2'-bipyridine bis(triphenylphosphine) copper (1 +), 1, 10-phenanthroline bis (triphenylphosphine) copper (1 +), and 2,9-dimethyl – 1,10-phenanthroline bis(triphenylphosphine)copper(1 +) in solution and in rigid, low-temperature glasses. Simultaneous multiple emissions from intra-ligand and charge-transfer states[J]. J Am Chem Soc, 1981, 103: 5906-5912.

[21] Kirchhoff J R, McMillin D R, Robinson W R, et al. Steric effects and the behavior of cu (NN) (PPh$_3$)$_2$ + systems in fluid solution. Crystal and molecular structures of [Cu(dmp) (pph$_3$)$_2$]NO$_3$ and [Cu(Phen)(pph$_3$)$_2$]NO$_3$. 1.5 ETOH[J]. Inorg Chem, 1985, 24: 3928-3933.

[22] Palmer C E A, McMillin D R. Singlets, triplets, and exciplexes: Complex, temperature – dependent emissions from (2,9-dimethyl-1,10-phenanthroline) bis (triphenylphosphine) copper(1 +) and (1,10-phenanthroline)(triphenylphosphine)copper(1 +)[J]. Inorg Chem, 1987, 26: 3837-3840.

[23] Cuttell D G, Kuang S-M, Fanwick P E, et al. Simple Cu(I) complexes with unprecedented excited-state lifetimes[J]. J Am Chem Soc, 2001, 124: 6-7.

[24] Kuang S-M, Cuttell D G, McMillin D R, et al. Synthesis and structural characterization of Cu(I) and Ni(II) complexes that contain the bis[2-(diphenylphosphino)phenyl]ether ligand. Novel emission properties for the Cu(I) species[J]. Inorg Chem, 2002, 41: 3313-3322.

[25] Hashimoto M, Igawa S, Yashima M, et al. Highly efficient green organic light-emitting diodes containing luminescent three-coordinate copper(I) complexes[J]. J Am Chem Soc, 2011, 133: 10348-10351.

[26] Zhang Q, Ding J, Cheng Y, et al. Novel heteroleptic cui complexes with tunable emission color for efficient phosphorescent light-emitting diodes[J]. Adv Func Mater, 2007, 17: 2983-2990.

[27] Lotito K J, Peters J C. Efficient luminescence from easily prepared three-coordinate copper (i) arylamidophosphines[J]. Chem Commu, 2010, 46: 3690-3692.

[28] McCormick T, Jia W-L, Wang S. Phosphorescent Cu(I) complexes of 2-(2'-pyridylbenzimidazolyl)benzene: Impact of phosphine ancillary ligands on electronic and photophysical properties of the Cu(I) complexes[J]. Inorg Chem, 2005, 45: 147-155.

[29] Zhang L, Li B, Su Z. Phosphorescence enhancement triggered by π stacking in solid-state [Cu(N−N)(P−P)]BF$_4$ complexes[J]. Langmuir, 2009, 25: 2068-2074.

[30] Zhang Q, Zhou Q, Cheng Y, et al. Highly efficient green phosphorescent organic light-emitting diodes based on CuI complexes[J]. Adv Mater, 2004, 16: 432-436.

第4章　金属有机铕配合物磷光材料的合成和光电性能研究

4.1　研究背景

我国的稀土资源极为丰富,其总储量居世界之首,而且矿物种类最多,稀土组分最全,深入开展对稀土化合物的研究,对于我国把稀土资源优势转化为经济技术优势起着非常重要的作用。稀土元素的显著特点是大多数稀土离子含有未充满的 4f 电子,且 4f 电子处于原子结构的内层,受到外层 5s、5p 电子的屏蔽作用,因此稀土离子受配位场效应的影响较小。稀土离子发光既可利用配体的激发三重态,又可利用激发单重态,其理论发光效率高达 100%。稀土配合物的发光属于受配体微扰的中心离子发光,其发光波长取决于金属离子,发光峰为锐带发射,半峰宽窄,发光颜色纯度高,因此稀土配合物是彩色平板显示器中高色纯的理想发光材料。

基于彩色显示器三基色(红绿蓝)的需求,发红光的 Eu^{3+} 化合物,发绿光的 Tb^{3+} 化合物是目前研究的热门。由于人眼对红光较为敏感,所以红光的色纯度决定着发光显示器的色彩鲜艳程度,而目前红光发射的电致发光材料效果还达不到生产应用的标准,所以对金属有机稀土配合物的电致发光材料的研究,特别是发红光的 Eu^{3+} 化合物的研究还是很有必要的。

虽然稀土配合物有很高的发光效率,但是由它们制备的电致磷光器件往往有较低的外量子效率。导致这一现象的主要原因是稀土配合物相对较差的载流子传输性能,使其器件载流子的注入和传输不平衡。1999 年,Hany Aziz 等在《自然》上报道了小分子材料在有机电致发光器件中的降解机制,它们认为空穴的过量注入是引起器件性能下降的主要原因。在有机电致发光材料中,有机材料的空穴传输能力要强于电子传输能力,空穴在有机电致发光器件中的数量比电子数量多一到两个数量级,所以对于电致发光材料,提高它们的载流子传输能力,特别是电子传输能力是提高这些材料在电致发光器件中的性能的主要途径之一。对于稀土发光材料,目前有两种较为有效的方法来提高它们的电致发光的性能,一种方法是将稀土配合物掺杂在具有载流子传输

· 122 ·

性能的主体材料中,来改善其在载流子传输性能方面的不足;另一种方法是改善稀土配合物载流子传输性能,如对其配体进行合理的修饰,或者引入具有载流子传输性能的功能基团,来优化材料。

我们课题组一直致力于稀土发光材料的性能研究,对于改善稀土发光材料的电致发光性能方面也做了一些有益的尝试,如利用一类酰亚胺噁二唑类衍生物作为稀土配合物的第一配体合成制备了一类铕配合物,这些铕配合物有较高的发光效率,而具有电子传输性能的噁二唑基团的引入可能会大大提高其相关器件的性能。

另外,我们还利用席夫碱内络盐锌配合物作为第二配体,TTA 作为第一配体,合成了一类稀土铕配合物。席夫碱内络盐锌配合物是被文献报道的一种具有电子传输性能的化合物,以其为电子传输材料或者发光材料已经被广为报道并且取得了很好的效果,而且过渡金属——稀土(d – f)双金属异核席夫碱配合物由于在磁性材料、分子识别、主客体化学等领域具有很广泛的应用而一直受到关注,但以金属席夫碱内络盐作为第二配体来敏化稀土发光、改善稀土配合物发光材料的载流子传输性的研究还未见报道。这种功能化组装的配合物将电子传输性和敏化发光功能集于一身,而席夫碱内络盐锌配合物作为中性配体可提供配位的氮原子和氧原子以及离域的共轭体系。我们测得这类化合物具有较高的发光效率,以其作为发光材料用于 OLED 也取得了较好的效果。为了进一步提高这类化合物的电致发光性能,我们试着对这类化合物的分子结构进行改进。在这类过渡金属——稀土(d – f)双金属异核席夫碱配合物的晶体结构中,在其锌配位的轴向有一个配位的溶剂乙醇分子,而这个溶剂分子的配位可能导致这个化合物电致发光性能下降,因为这种没有大的刚性的配位溶剂分子其配位后的 C—O、C—C 和 C—H 键的转动和振动都会对发光分子在激发态时能量造成损失,产生荧光的淬灭效应,所以如果能够将此类配合物中配位的溶剂分子用其他有利于发光的配体取代,应该能够改善此类化合物的发光性能。

本章中我们试着对已有的过渡金属——稀土(d – f)异核双金属席夫碱配合物进行进一步的分子设计,希望通过功能化组装消除发光分子中的不利因素,提高配合物的电致发光性能。我们利用席夫碱内络盐的锌配合物作为中性第二配体,利用 TTA(2 – 噻吩三氟甲基乙酰丙酮)作为阴离子第一配体,以三氟乙酸(TFA)作为桥联配体,制备了 2 个系列 8 个金属——稀土(d – f)双金属异核席夫碱配合物,以元素分析对它们的结构进行了确认,测试了它们的光物理性能,并对其发光过程的能量传递进行了研究,最后对其中效率最高的化合物的电致发光性能进行了研究。结果表明,通过对这类化合物进一步的分子设计,得到了性能优秀的发光材料。

4.2 实验部分

4.2.1 试剂和药品

试剂和药品有氧化铕(Eu_2O_3,99.99%),2 - 噻吩三氟甲基乙酰丙酮(HT-TA),三氟乙酸(HTFA),乙二胺,1,2 - 丙二胺,1,3 - 丙二胺,1,2 - 环己二胺,水杨醛,香草醛和醋酸锌均为国产分析纯,合成时直接使用。

乙醇为国产分析纯,经过无水处理后使用,过程如下。

4.2.2 实验仪器和实验方法

熔点:北京科学电光仪器 XT5 显微熔点仪。

核磁:Bruker DPX - 400 MHz 超导核磁共振仪,四甲基硅烷(TMS)为内标。

质谱:LC - MSD - Trap - XCT 质谱仪。

紫外可见吸收光谱:Hitachi UV - 3010 紫外可见光谱仪。

荧光和磷光光谱:JOBIN YVON Fluoro Max 荧光光谱仪。

低温磷光光谱测定:杜瓦瓶中加入液氮降温进行磷光测试。

量子效率的测定:量子效率是用比较法测定的,以硫酸奎宁稀水溶液为参比,其荧光量子产率 Φ_f 为 0.55 + 0.05。为了尽量减小误差,防止内过滤效应,溶液要稀释到约 1.0×10^{-5} mol/L,使其在 300 nm 处(选定为激发波长)的紫外吸收值 A 为 0.03 ~ 0.05,被测配合物的量子效率计算公式为

$$\Phi = \Phi_r A_r n^2 I / A n_r^2 I_r$$

式中:A、n、I 分别为吸收值、溶剂的折光率和发光强度(积分面积)。

循环伏安法(CV)测试:采用三电极体系,工作电极为铂电极,辅助电极为铂丝;参比电极为 AgCl/Ag。电解质为四丁基高氯酸铵 $TBAClO_4$,在 DMF 溶液中的浓度为 0.1 mol/L。测定前通入氮气 2 min,测定时液面保持氮气气氛。在室温下进行实验。

热重分析:氮气保护下,以 20 ℃/min 升温,至完全分解获得分解温度值。

元素分析:样品的 C、H、N 元素的含量用 PE2400 型元素分析仪进行测定。

4.2.3 晶体结构的测定

在室温下,采用 Oxford 四圆单晶衍射仪测定了化合物的晶体结构。采用石墨单色化的 Mo Kα 辐射为光源($\lambda = 0.710\ 7$ Å)进行数据收集。全部强度数据由 Oxford Diffraction Ltd. 开发的 CrysAlisPro 程序进行数据还原并采用 SADABS 方法进行半经验吸收校正。晶体结构由 Olex2 程序通过直接法解出并经 SHELXL 程序通过全矩阵最小二乘法对 F^2 进行精修,最终得到全部非氢原子的坐标和各向异性温度因子。主要晶体结构参数列于表4-1。

表 4-1 化合物 Eu(TTA)$_2$(TFA)(ZnS$_2$) 主要晶体结构参数

化合物	Eu(TTA)$_2$(TFA)(ZnS$_2$)	Z	2
分子式	C$_{35}$H$_{24}$EuF$_9$N$_2$O$_8$S$_2$Zn	F(000)	1088
分子量	1 053.04	θ(deg.)	2.24 ~ 53
波长(Å)	0.710 73	最小与最大衍射指标	$-13 \leqslant h \leqslant 13$
晶系名称	triclinic		$-14 \leqslant k \leqslant 14$
空间群名称	P$-$1		$-21 \leqslant l \leqslant 21$
晶胞系数 a(Å)	10.581(2)	衍射点收集/独立衍射数目	7 971[R(int) $= 0.066\ 2$]
b(Å)	11.669(2)	参加精修衍射点数目/几何限制参数数目/参加参数数目	7 971/90/548
c(Å)	17.239(3)		
α(deg.)	72.23(3)	可观测衍射的 s 值	1.054
β(deg.)	79.69(3)	可观测衍射的 $R[I>2\sigma(I)]$	$R_1 = 0.0690,\ wR_2 = 0.1371$
γ(deg.)	75.14(3)	全部衍射点的 R	$R_1 = 0.1055,\ wR_2 = 0.1558$
晶胞体积(Å^3)	1 947.5(7)	最大电子密度峰值、洞值(Å^{-3})	0.663、-0.683

4.2.4 有机电致发光器件的制备

ITO 玻璃的刻蚀:将 ITO 玻璃用玻璃刀分割成所需大小,然后用透明胶带保护所需的 ITO 部分,用稀盐酸加锌粉进行刻蚀 5 min,然后去掉胶带纸,把刻蚀好的玻璃洗净备用。

ITO 玻璃的清洗:先分别用酒精棉球、丙酮棉球对 ITO 表面擦拭清洗,然后分别用去离子水、酒精、丙酮清洗 5 min,烘干,再放入紫外灯箱中烘烤 5 min,以增加功函数。

有机电致磷光器件的制备:所用仪器为产于辽宁聚智的真空镀膜仪,将处理好的 ITO 玻璃放入真空室中,当压力达到 5.0×10^{-4} Pa 时,开始制备器件,器件的厚度是由石英晶振仪来监控的。

器件性能的测定：器件的电流—亮度—电压($J-L-V$)和电致发光光谱曲线的测试分别用北京师范大学生产的 ST-900M 和 OPT-2000 测试系统，Keithley 2000 作为电源。

4.2.5　双金属异核发光配合物的合成和表征

本章中利用席夫碱锌类化合物作为中性配体，以 2 分子 HTTA 和 1 分子 TFA 作为阴离子配体，其中 TFA 为桥联配体连接稀土铕离子和锌离子，制备了目标化合物双金属异核席夫碱配合物。共 2 个系列 8 个化合物，第一系列有 4 个化合物，是以双水杨醛席夫碱锌为中性配体制备的双金属异核配合物；第二系列有 4 个化合物，是以双香草醛席夫碱锌为中性配体制备的双金属异核配合物，如图 4-1 所示。

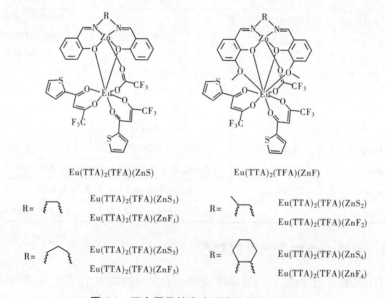

$Eu(TTA)_2(TFA)(ZnS)$　　　　　　　$Eu(TTA)_2(TFA)(ZnF)$

R=　$Eu(TTA)_2(TFA)(ZnS_1)$
　　$Eu(TTA)_2(TFA)(ZnF_1)$

R=　$Eu(TTA)_2(TFA)(ZnS_2)$
　　$Eu(TTA)_2(TFA)(ZnF_2)$

R=　$Eu(TTA)_2(TFA)(ZnS_3)$
　　$Eu(TTA)_2(TFA)(ZnF_3)$

R=　$Eu(TTA)_2(TFA)(ZnS_4)$
　　$Eu(TTA)_2(TFA)(ZnF_4)$

图 4-1　双金属异核发光配合物结构示意图

4.2.5.1　配体的合成

配体按照文献[3]合成，基本步骤为：100 mL 三个烧瓶中，将水杨醛或芳草醛 26 mmol 溶于 20 mL 乙醇，加入催化量的对甲基苯磺酸，搅拌下滴入二胺类化合物(13 mmol)，常温反应 5 mim，此时有黄色片状席夫碱配体(见图 4-2)生成，然后水浴加热 70~80 ℃，将乙酸锌(13 mmol)的 15 mL 水溶液快速加入到反应体系中，此时立即生成大量白色或黄色沉淀，机械搅拌回流 1 h，冷却至室温，抽滤,水和乙醇洗 3 遍,得白色或黄色固体。

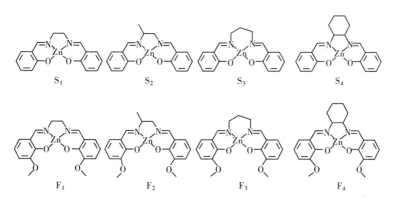

图 4-2 席夫碱锌配合物的结构示意图

4.2.5.2 双金属异核发光配合物的合成

$EuCl_3$甲醇溶液的制备(0.1 M):将氧化铕 4.34 g(0.125 mmol)置于 50 mL 的小烧杯中,加入 20 mL 的盐酸(1∶1),加热使其完全溶解,挥出多余的水和盐酸,至有白色固体析出,停止加热,待完全冷却后,用甲醇溶解,将溶液转入 250 mL 容量瓶中,得到 0.1 M 的 $EuCl_3$甲醇溶液。

$Eu(TTA)_2(TFA)(ZnS_1)$的合成:将 0.352 g(1 mmol)ZnS_1于 20 mL 乙醇中,加热使其完全溶解,然后加入 HTTA 0.44 g(2 mmol)、TFA 0.077 ml(1 mmol)、$EuCl_3$甲醇溶液 10 mL,继续加热回流 1 h,冷却后,用新制的乙醇钠的乙醇溶液调 pH 值约为 7,调 pH 过程中溶液逐渐变混,有大量白色沉淀生成,继续常温搅拌 10 min,过滤,收集白色沉淀,产率78%。Molecular Weight:1 039.02 Calcd for $C_{34}H_{22}EuF_9N_2O_8S_2Zn$(%):C, 39.30;H, 2.13;N, 2.70. Found C, 39.43;H, 2.11;N, 2.68。

$Eu(TTA)_2(TFA)(ZnS_2)$的合成:方法与铕配合物合成方法相同。Molecular Weight:1 053.04 Calcd for $C_{35}H_{24}EuF_9N_2O_8S_2Zn$(%):C, 39.92;H, 2.30;N, 2.66. Found C, 39.57;H, 2.32;N, 2.65。

$Eu(TTA)_2(TFA)(ZnS_3)$的合成:方法与铕配合物合成方法相同。Molecular Weight:1 053.04 Calcd for $C_{35}H_{24}EuF_9N_2O_8S_2Zn$(%):C, 39.92;H, 2.30;N, 2.66. Found C, 39.58;H, 2.31;N, 2.65。

$Eu(TTA)_2(TFA)(ZnS_4)$的合成:方法与铕配合物合成方法相同。Molecular Weight:1 093.11 Calcd for $C_{38}H_{28}EuF_9N_2O_8S_2Zn$(%):C, 41.75;H, 2.58;N, 2.56. Found C, 41.87;H, 2.56;N, 2.57。

Eu(TTA)$_2$(TFA)(ZnF$_1$)的合成:方法与铕配合物合成方法相同。Molecular Weight:1 099.07 Calcd for C$_{36}$H$_{26}$EuF$_9$N$_2$O$_{10}$S$_2$Zn（%）:C，39.34；H，2.38；N，2.55. Found C，39.20；H，2.37；N，2.56。

Eu(TTA)$_2$(TFA)(ZnF$_2$)的合成:方法与铕配合物合成方法相同。Molecular Weight：1113.97 Calcd for C$_{37}$H$_{28}$EuF$_9$N$_2$O$_{10}$S$_2$Zn（%）:C，39.92；H，2.54；N，2.52. Found C，39.75；H，2.53；N，2.53。

Eu(TTA)$_2$(TFA)(ZnF$_3$)的合成:方法与铕配合物合成方法相同。Molecular Weight:1 113.97 Calcd for C$_{37}$H$_{28}$EuF$_9$N$_2$O$_{10}$S$_2$Zn（%）:C，39.92；H，2.54；N，2.52. Found C，39.77；H，2.55；N，2.54。

Eu(TTA)$_2$(TFA)(ZnF$_4$)的合成:方法与铕配合物合成方法相同。Molecular Weight:1 113.97 Calcd for C$_{40}$H$_{32}$EuF$_9$N$_2$O$_{10}$S$_2$Zn（%）:C，41.66；H，2.80；N，2.43. Found C，41.48；H，2.79；N，2.41。

4.3　结果与讨论

4.3.1　合成和表征

制备异核双金属配合物的过程中,所用乙醇溶剂经过无水处理后使用。

4.3.2　晶体结构

我们得到了化合物 Eu(TTA)$_2$(TFA)(ZnS$_2$)的单晶结构,此单晶结构是用乙醇作为溶剂用挥发法得到的。结构如图 4-3 所示,主要键长和键角数据列于表4-2。

由 Eu(TTA)$_2$(TFA)(ZnS$_2$)晶体结构图 4-3 和表 4-2 可以看到,此异核双金属化合物是由过渡金属 Zn^{2+} 离子和稀土 Eu^{3+} 离子为中心形成的配合物。其中,过渡金属 Zn^{2+} 离子位于席夫碱的 N2O2 形成的孔穴中,Zn^{2+} 离子是五配位的环境,其配位构型是一个变形的四方锥形的构型,其中席夫碱的 2 个氧原子和 2 个氮原子组成了四方锥形的方形底座,而作为桥联的三氟乙酸配体中的一个氧原子组成了四方锥的锥顶。Eu^{3+} 离子的配位环境是由 7 个氧原子组成的,其中 2 个氧来自桥联的酚氧基团,4 个氧来自双齿配体 TTA 以及 1 个氧来自桥联的三氟乙酸配体。Zn—Eu 之间的距离为 3.336 Å,超出了范德华半径的范围,说明 2 个金属之间没有明显的金属—金属之间的相互作用。Zn—O 和 Zn—N 的键长分别为 2.013 ~ 2.033 Å 和 2.015 ~ 2.063 Å,与其他席夫碱锌配合物非常类似。Eu—O 的键长为 2.308～2.435 Å 之间,与典型的 β 二酮类配合物相同。

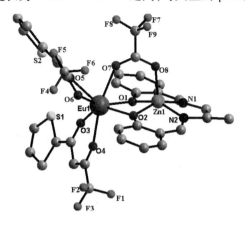

图 4-3 Eu(TTA)₂(TFA)(ZnS₂)晶体结构图

表 4-2 化合物 Eu(TTA)₂(TFA)(ZnS₂)的主要键长(°)和键角(Å)

Eu(TTA)₂(TFA)(ZnS₂)					
Eu1—Zn1	3.335 4(13)	O1—Eu1—O7	75.78(13)	O5—Eu1—O2	152.40(13)
Eu1—O1	2.346(4)	O2—Eu1—O7	77.98(13)	O5—Eu1—O7	75.92(12)
Eu1—O2	2.354(3)	O2—Zn1—O1	85.35(13)	O6—Eu1—O1	152.53(12)
Eu1—O3	2.334(3)	O2—Zn1—O8	97.83(16)	O6—Eu1—O2	93.27(13)
Eu1—O4	2.330(4)	O2—Zn1—N1	153.98(19)	O6—Eu1—O3	120.14(13)
Eu1—O5	2.341(4)	O2—Zn1—N2	92.27(18)	O6—Eu1—O4	89.76(14)
Eu1—O6	2.299(4)	O3—Eu1—O1	85.57(12)	O6—Eu1—O5	72.93(13)
Eu1—O7	2.436(3)	O3—Eu1—O2	133.74(14)	O6—Eu1—O7	78.51(13)
Zn1—O1	2.069(3)	O3—Eu1—O5	72.98(13)	O8—Zn1—O1	100.01(15)
Zn1—O2	2.011(4)	O3—Eu1—O7	135.59(13)	O8—Zn1—N1	108.18(19)
Zn1—O8	2.029(4)	O4—Eu1—O1	109.06(14)	N1—Zn1—O1	89.63(17)
Zn1—N1	2.039(5)	O4—Eu1—O2	78.34(13)	N2—Zn1—O1	150.2(2)
Zn1—N2	2.023(6)	O4—Eu1—O3	71.41(12)	N2—Zn1—O8	109.7(2)
Zn1—O1—Eu1	97.93(13)	O4—Eu1—O5	124.15(13)	N2—Zn1—N1	79.6(2)
Zn1—O2—Eu1	99.35(13)	O4—Eu1—O7	152.83(12)		
O1—Eu1—O2	72.09(12)	O5—Eu1—O1	109.48(12)		

4.3.3 紫外可见吸收光谱

2 个系列异核双金属配合物的紫外吸收是在配合物浓度为 1.0×10^{-5} mol/L 的乙醇溶液中测定的,如图 4-4 所示,可以看到这 2 个系列的双异核配合物的有 2 个分别为 270 nm 和 350 nm 左右的吸收峰,其中最大紫外吸收集中在波长为 350 nm 左右,第一系列化合物 Eu(TTA)$_2$(TFA)(ZnS$_1$)、Eu(TTA)$_2$(TFA)(ZnS$_2$)、Eu(TTA)$_2$(TFA)(ZnS$_3$) 和 Eu(TTA)$_2$(TFA)(ZnS$_4$) 的最大吸收波长分别为 343 nm、344 nm、344 nm、342 nm,第二系列化合物 Eu(TTA)$_2$(TFA)(ZnF$_1$)、Eu(TTA)$_2$(TFA)(ZnF$_2$)、Eu(TTA)$_2$(TFA)(ZnF$_3$) 和 Eu(TTA)$_2$(TFA)(ZnF$_4$) 的最大吸收波长分别为 345 nm、346 nm、347 nm 和 347。对比席夫碱锌配体与 Eu(TTA)$_2$(TFA) 的紫外吸收图可以看出:席夫碱锌配体和 TTA 配体对异核双金属配合物的吸收都有贡献。同时,席夫碱锌类配体在异核双金属化合物中还有两个作用:①作为第二配体与稀土离子键合,防止由于溶剂分子的配位对稀土离子的发光的淬灭;②作为有优秀电子传输性能的基团,在电致发光过程中,能够更容易捕获激子,提高异核双金属配合物的电致发光性能。

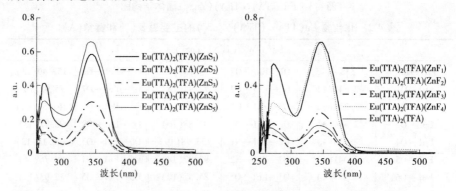

图 4-4　两个系列双金属异核配合物的紫外吸收曲线

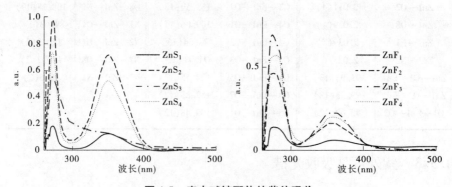

图 4-5　席夫碱锌配体的紫外吸收

4.3.4 异核双金属配合物的发光光谱

我们采用配合物浓度为 1.0×10^{-5} mol/L 的乙醇溶液测试了 2 个系列异核双金属配合物的荧光光谱图,如图 4-6 和图 4-7 所示。

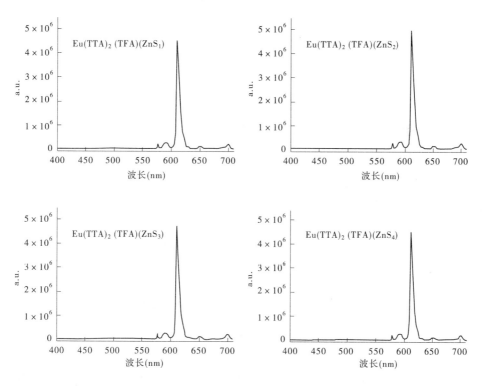

图 4-6 $Eu(TTA)_2(TFA)(ZnS)$ 系列配合物的荧光光谱图

由图 4-6 和图 4-7 所示 2 个系列异核双金属配合物的荧光光谱图可以看到,这些异核双金属配合物的光谱图中都显示了铕离子的特征发射峰,这些特征峰分别为 577 nm、589 nm、612 nm、650 nm 和 710 nm,它们分别对应三价铕离子的 $^5D_0 \rightarrow {}^7F_0$,$^5D_0 \rightarrow {}^7F_1$,$^5D_0 \rightarrow {}^7F_2$,$^5D_0 \rightarrow {}^7F_3$ 和 $^5D_0 \rightarrow {}^7F_4$ 的电子跃迁,其中 $^5D_0 \rightarrow {}^7F_2$ 的跃迁为磁偶极跃迁,它的发射强度会因为 Eu^{3+} 的配位环境的改变而变化,此发射峰为三价铕配合物主要的发射峰,其强度最高,为红光发射;$^5D_0 \rightarrow {}^7F_1$ 的跃迁为磁偶极跃迁,其发射强度与 Eu^{3+} 的配位环境关系不大;而对于 $^5D_0 \rightarrow {}^7F_0$ 的跃迁被称为超灵敏跃迁,如果此峰的形状尖锐无裂分,说明配合物配位模式唯一,配合物纯度较高。图 4-8 为席夫碱锌配体发光光谱,我们

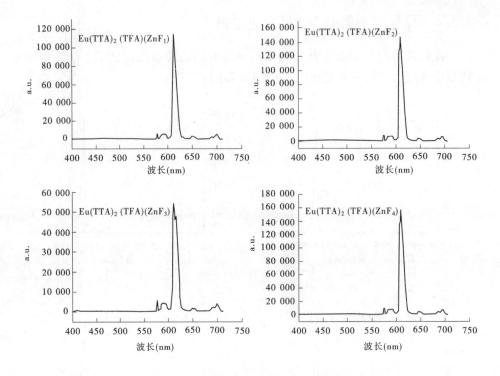

图4-7 Eu(TTA)$_2$(TFA)(ZnF)系列的荧光光谱图

看到这些异核双金属配合物的光谱图中都没有席夫碱锌配体发射峰出现,说明了席夫碱锌配体在与铕配位后其激发态的能量通过分子内的能量传递给Eu^{3+}离子。对于这2个系列的异核双金属配合物我们发现第一系列的化合物发光强度要比第二系列强,经过测试得知,第一系列化合物的量子效率比第二系列要高,这可能是由于配体的能级以及其他因素决定的,我们将在下面进行详细的讨论。

4.3.5 异核双金属配合物的量子效率和发光寿命

异核双金属配合物的量子效率(即总量子效率,Φ_{tot})是通过对比法得到的,具体数据如表4-3所示。我们还测试了这些配合物的发光寿命,通过对它们的荧光衰减曲线进行函数处理后,我们发现,这类配合物都符合单指数的衰减函数,就是说这类配合物具有单一的化学环境,说明配合物有较好的纯度。

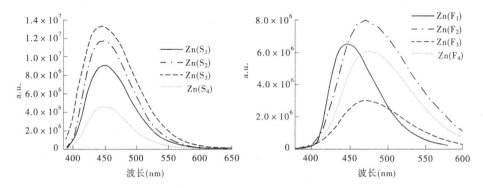

图 4-8 希夫碱锌配体荧光光谱

表 4-3 异双核金属配合物的荧光寿命和效率数据

化合物	τ_R (ms)	τ_{obs} (ms)	Φ_{Ln} (%)	Φ_η (%)	Φ_{tot} (%)
$Eu(TTA)_2(TFA)(ZnS_1)$	1.30	0.95	72.8	55.6	40.0
$Eu(TTA)_2(TFA)(ZnS_2)$	1.27	0.98	77.4	54.0	41.8
$Eu(TTA)_2(TFA)(ZnS_3)$	1.29	0.89	69.2	51.6	35.7
$Eu(TTA)_2(TFA)(ZnS_4)$	1.27	0.94	74.0	53.4	39.7
$Eu(TTA)_2(TFA)(ZnF_1)$	1.25	0.94	75.8	12.0	9.1
$Eu(TTA)_2(TFA)(ZnF_2)$	1.23	0.98	79.8	15.2	12.1
$Eu(TTA)_2(TFA)(ZnF_3)$	1.58	0.98	62.1	8.3	5.2
$Eu(TTA)_2(TFA)(ZnF_4)$	1.24	0.98	77.1	16.2	12.5

从表 4-3 中可以看到,第一系列配合物的总量子效率要比第二系列配合物的量子效率高出很多,第一系列配合物的 Φ_{tot} 在 40% 左右,第二系列的 Φ_{tot} 在 10% 左右,而 8 个异核双金属配合物的发光寿命(τ_{obs})却都在 0.9 ms 左右,相差并不大。相似的发光寿命而量子效率却有这么大差别,这个结果很出乎意料。因此,我们觉得有必要做更深入地研究,以了解量子效率和发光寿命之间的关系。

对于稀土化合物的总量子效率(Φ_{tot})可以把整个发光的体系看作一个黑匣子,而不考虑内部的能量传递的细节方面的问题。当化合物吸收一个光子时,其总量子效率可以用下面公式表示:

$$\Phi_{tot} = \Phi_{Ln}\Phi_\eta$$

式中，Φ_{Ln} 为化合物的内量子效率；Φ_{η} 为能量由配体向稀土传递的效率，内量子效率可以由下式来计算：

$$\Phi_{\mathrm{Ln}} = \tau_{\mathrm{obs}} / \tau_{\mathrm{R}}$$

式中，τ_{obs} 为测得的发光寿命；τ_{R} 为 Eu^{3+} 的 $^5D_0 \rightarrow {}^7F_{0-4}$ 的跃迁自然寿命，τ_{R} 可用以下公式计算出来：

$$1/\tau_{\mathrm{R}} = A_{\mathrm{MD},0} n^3 (I_{\mathrm{tot}}/I_{\mathrm{MD}})$$

式中，$A_{\mathrm{MD},0}$ 为 Eu^{3+} 的 $^5D_0 \rightarrow {}^7F_1$ 的跃迁概率，其值为 $14.65\ \mathrm{s}^{-1}$，n 为媒介折射率，一般在计算时取其平均值 1.5。$I_{\mathrm{tot}}/I_{\mathrm{MD}}$ 为配合物发射光谱总积分面积和 $^5D_0 \rightarrow {}^7F_1$ 对应的光谱积分面积的比值。

表 4-3 中列出了化合物的自然寿命（τ_{R}）、测得的发光寿命（τ_{obs}）、内量子效率（Φ_{Ln}）、敏化效率（Φ_{η}）和总量子效率（Φ_{tot}）的数值。

由表 4-3 可以看出第一系列化合物和第二系列化合物的自然寿命（τ_{R}）、测得的发光寿命（τ_{obs}）和内量子效率（Φ_{Ln}）并没有特别大的差别，但是由于第二系列化合物的敏化效率（Φ_{η}）都较低，$Eu(TTA)_2(TFA)(ZnF_1)$、$Eu(TTA)_2(TFA)(ZnF_2)$、$Eu(TTA)_2(TFA)(ZnF_3)$ 和 $Eu(TTA)_2(TFA)(ZnF_4)$ 敏化效率分别为 9.1%、12.1%、5.2% 和 12.5%，所以造成了总量子效率（Φ_{tot}）较低的结果。而第一系列化合物的敏化效率（Φ_{η}）都较高，在 50% 以上，所以其相应的总量子效率（Φ_{tot}）也较高，其中 $Eu(TTA)_2(TFA)(ZnS_2)$ 的总量子效率最高。

4.3.6 席夫碱锌配体能级的确定

为了深入研究 Eu(Ⅲ)——Zn(Ⅱ)异双核金属配合物效率的相差较大的原因，测定了席夫碱锌类配体的三线态能级，由于 Gd(Ⅲ) 的最低激发态 $^2P_{1/2}$ 的能级较高，配体的能量一般不会传递给 Gd(Ⅲ) 离子，而且其能够提供与 Eu(Ⅲ) 离子配合物相似的化学环境，所以测试配体的 Gd(Ⅲ) 配合物的三线态能级能够反映出配体与稀土离子配合后的三线态能级。因此，测定了它们的 Gd(Ⅲ)—Zn(Ⅱ) 双异核配合物在低温 77 K 时的三线态发射。按照文献[16]的方法，Gd(Ⅲ)—Zn(Ⅱ) 双异核配合物制备过程为：将席夫碱锌类配体（ZnS_n 和 ZnF_n，$n = 1 \sim 4$）（2 mmol）分别于 20 mL 乙醇中，加热使其完全溶解，然后分别滴入 $Gd(NO_3)_3$ 的甲醇溶液（0.1 M，20 mL），搅拌 30 min，冷却至室温，得到大量白色沉淀，滤出沉淀，用乙醇洗涤，烘干，得到白色 Gd(Ⅲ)—Zn(Ⅱ) 双异核配合物，分别为 $Gd(ZnS_n)(NO_3)_3$ 和 $Gd(ZnF_n)(NO_3)_3$（$n = 1 \sim 4$）共 8 个配合物。

图 4-9 和图 4-10 为 $Gd(ZnS_1)(NO_3)_3$ 和 $Gd(ZnF_1)(NO_3)_3$ 2 个配合物的磷光光谱,其余配合物的三线态能级如表 4-4 所示。从磷光光谱数据中获得了配体 ZnS_1、ZnS_2、ZnS_3、ZnS_4、ZnF_1、ZnF_2、ZnF_3 和 ZnF_4 的三线态能级,如表 4-4 所示,同一系列配体由于共轭没有变化,所以其三线态能级没有太大差别,但是对于不同系列的配体,由于甲氧基的存在,增大了配体的共轭程度,所以第二系列香草醛席夫碱锌(ZnF)配体的三线态能级较第一系列配体的三线态能级有所降低。

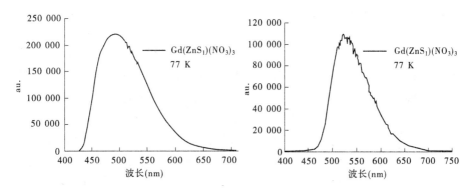

图 4-9　化合物 $Gd(ZnS_1)(NO_3)_3$
在 77 K 的磷光光谱

图 4-10　化合物 $Gd(ZnF_1)(NO_3)_3$
在 77 K 的磷光光谱

表 4-4　席夫碱锌配体的三线态能级数据

化合物	λ_{max} (77 K)(nm)	T_1 (cm^{-1})	S_1 (cm^{-1})
ZnS_1	494	20 242	24 038
ZnS_2	495	20 202	23 923
ZnS_3	493	20 283	23 866
ZnS_4	495	20 202	24 390
ZnF_1	514	19 455	23 310
ZnF_2	512	19 531	23 529
ZnF_3	515	19 417	23 419
ZnF_4	512	19 531	23 474

配体的单线态能级是由其紫外可见吸收的长波方向的起始值来确定,由

表 4-4 所示,配体 ZnS_1、ZnS_2、ZnS_3、ZnS_4、ZnF_1、ZnF_2、ZnF_3 和 ZnF_4 的单线态能级 24 038 cm^{-1}、23 923 cm^{-1}、23 866 cm^{-1}、24 390 cm^{-1}、23 529 cm^{-1}、23 419 cm^{-1} 和 23 474 cm^{-1},配体共轭增加同样使单线态能级降低,可以看到,香草醛 席夫碱锌(ZnF)的单线态普遍较水杨醛席夫碱锌类配体低。

4.3.7 双异核金属配合物的能量传递机制讨论

对于稀土铕配合物,其发光过程应该是这样的,首先,配体由基态被激发 到激发单重态,由于重原子效应通过系间穿越,配体单重态传递能量到配体三 重态,见图 4-11;然后配体三重态再把能量传递给稀土 Eu^{3+} 的激发态^5D_J,如^5 D_0(17 500 cm^{-1})、$^5D_1$(19 000 cm^{-1})、$^5D_2$(21 200 cm^{-1})、$^5D_3$(24 800 cm^{-1}) 等能级,最后 Eu^{3+} 由激发态驰豫到$^5D_0$然后再到基态发出其特征光谱,可以看 出$^5D_0$的能级对于稀土铕配合物发光过程的能量传输是很重要的。稀土铕配 合物首选的能量传递路径是激发态的能量最终通过配体为中心的三线态向稀 土离子传递,因此配体的三线态能级与稀土离子匹配是影响稀土铕配合物发 光性能的 1 个关键因素。1 个合适的配体,它的三线态能级应该比稀土离子 的$^5D_0$略高,但是其能垒不能太大或者太小,能垒太大会使能量传递不完全,能 垒太小会导致能量回传造成能量的损失。

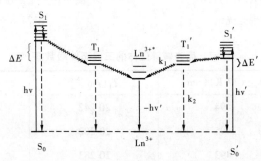

图 4-11 稀土铕配合物能量传递过程示意图(S_0 和 S_0' 为两个不同配体的基态能级,
S_1 和 S_1' 代表两个不同配体的单线态能级,T_1 和 T_1' 为不同配体的三线态能级,Ln^{3+} 和
$Ln^{3+}*$ 分别为基态的稀土离子和激发态的稀土离子)

对于所制备的席夫碱锌类配体,它们的三线态能级明显都高出 Eu^{3+} 的 $^5D_0$,我们计算了这些席夫碱锌配合物的三线态能级和稀土离子$^5D_0$能级的差 值,按照 ZnS_1、ZnS_2、ZnS_3、ZnS_4、ZnF_1、ZnF_2、ZnF_3 和 ZnF_4 的顺序,它们的差值 分别为 2 742 cm^{-1}、2 702 cm^{-1}、2 783 cm^{-1}、2 702 cm^{-1}、1 955 cm^{-1}、2 031 cm^{-1}、1917 cm^{-1} 和 2 031 cm^{-1}。根据 Latva 经验规则,对于 Eu^{3+} 来说,理想的

配体到金属的能量传递过程需要遵守 $\Delta E\left(^3\pi\pi* - ^5D_0\right) > 2\,500\ \text{cm}^{-1}$，即配体的三线态要比 $^5D_0$ 高至少 $2\,500\ \text{cm}^{-1}$。可以看到所有双水杨醛席夫碱锌配体（ZnS）的三线态能级都符合这个规则，说明 ZnS 类配体能够有效地将三线态能量传递给 Eu^{3+} 能级。对于双香草醛席夫碱锌配体（ZnF）三线态能级来说，虽然其与稀土离子 $^5D_0$ 能级的差值与 Latva 经验规则的数值有差距，但是，根据文献[19]报道，这样的能垒也能够有效敏化铕离子发光。

对于配体的单线态和三线态能级来说，它们的差值按照 ZnS_1、ZnS_2、ZnS_3、ZnS_4、ZnF_1、ZnF_2、ZnF_3 和 ZnF_4 的顺序分别为 $3\,796\ \text{cm}^{-1}$、$3\,721\ \text{cm}^{-1}$、$3\,583\ \text{cm}^{-1}$、$4\,188\ \text{cm}^{-1}$、$3\,855\ \text{cm}^{-1}$、$3\,998\ \text{cm}^{-1}$、$4\,002\ \text{cm}^{-1}$ 和 $3\,943\ \text{cm}^{-1}$。根据 Reinhoudt 经验规则，当 $\Delta E\left(^1\pi\pi* - ^3\pi\pi*\right) > 5\,000\ \text{cm}^{-1}$ 时，单线态到三线态的能量传递才能更有效。这些数值与理想的 $\Delta E\left(^1\pi\pi* - ^3\pi\pi*\right)$ 数值相差不大，所以配体的单线态到三线态的能量传递应该也较为完全。同时根据文献[21]报道，配体的单线态和三线态都能直接通过分子内的能量传递导致稀土铕离子发光，所以即使配体的单线态能量不能够有效传递给配体的三线态，其单线态的能量也能够有另外的途径敏化铕离子发光，这也是在 Eu（Ⅲ）-Zn（Ⅱ）这类配合物发光光谱中没有席夫碱锌配体发光的原因之一。

当然，对于一个有效的能量传递体系来说，其最终结果应该体现为较高的发光效率，可以看到，对于这两类异核双金属配合物来说，它们都有较为类似的结构，并且通过以上能量传递的分析来看，这两类配合物都有类似的能量传递过程，但是双水杨醛席夫碱锌（ZnS）和双香草醛席夫碱锌（ZnF）这两类配体对于稀土铕离子的敏化发光效果有极大的不同，由表 4-3 可以看到，两类异核双金属配合物的发光效率相差很大，如 $Eu（TTA）_2（TFA）（ZnS_3）$ 和 $Eu（TTA）_2（TFA）（ZnF_3）$ 这两个化合物的发光效率分别为 35.7% 和 5.2%，两者相差近 7 倍。根据文献[19]报道，这可能是由于配体到金属的电荷跃迁（LMCT）的非辐射跃迁造成的，由于 LMCT 能级在配体的单线态能级和三线态能级之间，很容易造成配体单线态激发态能量传递过程中的能量损失。对于 $Eu（TTA）_2（TFA）（ZnS_n）$ 和 $Eu（TTA）_2（TFA）（ZnF_n）$（$n = 1\sim4$）这两类异核双金属配合物来说，它们的结构的差别仅为席夫碱锌配体是否有甲氧基取代基，而甲氧基上的电荷到 Eu^{3+} 离子的电荷跃迁（LMCT）应该是 $Eu（TTA）_2（TFA）（ZnF_n）$（$n = 1\sim4$）配合物发光效率降低的主要原因。当然，在这类异核双金属配合物中，还有两个连接 Eu^{3+} 离子的酚氧基，但是由于这个酚氧基同时作为桥联配体与 Zn^{2+} 离子相连，我们认为 Zn^{2+} 离子的参与配位使这两个酚氧基的电荷分散开,从而减小了配体到金属的电荷跃迁的可能性。最后,我们认为,由于甲氧基的存在,是造成 Eu(TTA)₂(TFA)(ZnFₙ) (n = 1 ~ 4)配合物发光效率降低的主要原因。

4.3.8 电致发光性能的研究

由于异核双金属配合物 Eu(TTA)₂(TFA)(ZnS₂)在这 8 个化合物中量子效率最高,而且经过前面几节内容的讨论,我们认为这个化合物应该具有优秀的电致发光性能,所以我们挑选异核双金属配合物 Eu(TTA)₂(TFA)(ZnS₂)作为发光材料制备了基于它的电致发光器件。

此器件结构为 ITO / TPD (30 nm) / Eu(TTA)₂(TFA)(ZnS₂) : CBP = 10% (30 nm) / TPBI (30 nm) / LiF / Al。图 4-12 为器件结构和所用材料结构示意图。其中 TPD 和 TPBI 分别为空穴传输材料和电子传输材料,CBP 为主体材料。

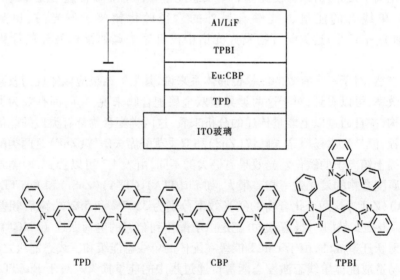

(Eu 为异双核配合物 Eu(TTA)₂(TFA)(ZnS₂))

图 4-12 器件结构示意图和所用材料结构示意图

图 4-13 和图 4-14 为器件的电流密度—电压(J—V)和亮度—电压(L—V)图和器件的电流效率(η_c)和功率效率(η_p)图,可以看到此器件的性能非常优秀。此器件的启亮电压为 4.3 V,在电压为 13.8 V 和电流密度为 294.6 mA/cm² 时最大亮度达到了 1 982.5 cd/m²。在电流密度为 0.06 mA/cm² 时,器件达到

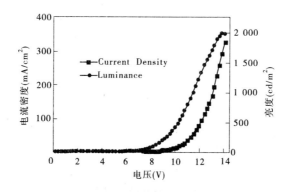

图 4-13　器件的电流密度—电压(J—V)和亮度—电压(L—V)图

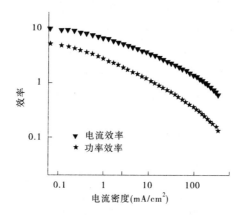

图 4-14　器件的电流效率(η_c)和功率效率(η_p)图

了最大的电流效率 9.9 cd/A,相应的功率效率为 5.2 lm/W,内量子效率为 5.3%,并且此器件效率的滑落较小,即使在亮度为 300 cd/m² 时,它的效率依然较高,在亮度为 300 cd/m² 时其相应的电流效率、功率效率和内量子效率分别为 3.7 cd/A 1.2 lm/W 和 1.9%。

　　与目前报道的基于铕配合物的器件相比,以上这些数据是非常优秀的,如表 4-5 所示。器件所表现的低启亮电压、高亮度以及低的效率滑落效果,使这个基于异双核化合物 Eu(TTA)₂(TFA)(ZnS₂) 的器件成为目前最优秀的器件之一。据我们所知道的报道中,这是第一个用 Zn(Ⅱ)-Eu(Ⅲ) 异核双金属配合物作为红色发光材料的器件,并且有如此好的效果。而异核双金属配合物中的席夫碱锌配体对优秀的器件效果起到了至关重要的作用,由于其优秀的载流子传输性能,使异核双金属配合物作为发光材料时能够更好地使载流子平衡,并能够捕获更多激子,最终增加了器件的亮度和效率。

表 4-5　基于目前报道的铕配合物的器件数据列表

Emitter Layer	$V_{turn-on}$ (V)	L_{Max} (cd/cm²)	η_c/J (cd/A) (mA/cm²)			η_{ext} (%)		
			Max.	100 cd/cm²	300 cd/cm²	Max.	100 cd/cm²	300 cd/cm²
Eu(TTA)₂(TFA)(ZnS₂): CBP(10%)	4.3	1 982.5	9.9/0.06	5.9/1.6	3.7/8.6	5.3	3.0	1.9
Eu(CPPO)₂(TTA)₃ (100%)	4.8	1 152.0	5.88/0.03	1.92/5.24	—	3.7	1.21	—
Eu(TTA)₃(Obpy):CBP (4%)	5.0	581.0	4.6/0.15	2.82/3.5	—	2.6	1.6	—
Eu(DBM)₃pyzphen: Bphen(25%)	—	1 395	5.1	4.7	—	2.4	—	—
Eu(TTA)₃DPPZ:CBP (4.5%)	—	1 670	4.4/—	—	2.67/10	2.1	—	1.31
Eu(TTA)₃(Tmphen):CBP (1%)	7.0	800.0	4.7/0.1	2.3/4.3	—	4.3	2.2	—
Eu(CPPO)₂(TTA)₃ (100%)	7.4	1 271	5.71/—	—	1.35	3.60	—	0.85

注:在此表中列出的为有高亮度时有高效率的器件数据;其中 $V_{turn-on}$ 为启亮电压;L_{Max} 为最大亮度;η_c 和 η_{ext} 分别表示电流效率和外量子效率;J 为电流密度。

图 4-15 为器件在不同电压下的发光光谱图,即使在高电压下,如 13 V,器件依然显示了基于 Eu^{3+} 离子的高纯度的红色发光,而且整个发光过程中没有出现如 CBP 和 TPBI 的发光,也没有激基复合物或者激基缔合物的发光。器件在整个发光过程中的色坐标也基本类似,都在典型的红光范围,如器件在 6 V 和 13 V 的色坐标分别为(0.66, 0.33) 和 (0.66, 0.34)。与其他传统的基于铕配合物的发光器件不同,此器件没有用 CBP (2,9 – dimethyl – 4,7 – diphenyl – 1,10 – phenantroline) 作为空穴阻挡层,过多的空穴进入器件的发光层被普遍认为是造成器件效果不好的主要原因,但是异核双金属配合物 $Eu(TTA)_2(TFA)(ZnS_2)$ 较强的电子传输能力,改善了发光层的电子传输能力,提高了器件的稳定性。

对于掺杂的体系来说,激子捕获和能量传输在器件的发光过程中应该是同时存在的。对于这个器件来说,从图 4-18 和图 4-15 来看,CBP 的发光在电致发光器件中消失说明了 Förster 能量传递和 Dexter 能量传递的同时存在,当然也不能排除激子捕获机制的存在。我们由异核双金属配合物 Eu(TTA)$_2$(TFA)(ZnS)的循环伏安(见图 4-17)得到了其 HOMO 和 LUMO 能级。从图 4-16 来看,CBP 的 HOMO 和 LUMO 能级完全包括了 Eu(TTA)$_2$(TFA)(ZnS)的能级,其能垒分别为 0.1 eV 和 0.5 eV,这样的情况说明异核双金属配合物 Eu(TTA)$_2$(TFA)(ZnS)能够有效地捕获激子。同时由于激子捕获机制的存在,使器件载流子更加平衡。

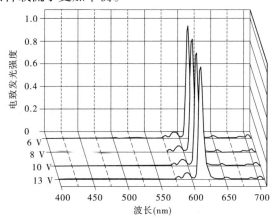

图 4-15　器件在不同电压下的发光光谱图

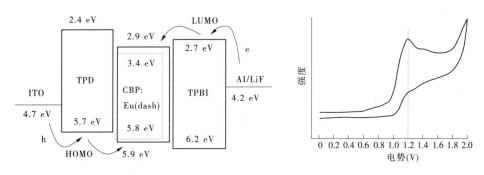

图 4-16　器件的能级示意图(Eu 代表
异双核化合物 Eu(TTA)$_2$(TFA)(ZnS))

图 4-17　异双核化合物
Eu(TTA)$_2$(TFA)(ZnS)的循环伏安图

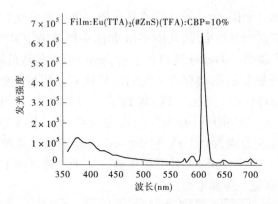

Film:Eu(TTA)$_2$(#ZnS)(TFA):CBP=10%

图 4-18 异双核化合物 Eu(TTA)$_2$(TFA)(ZnS)掺入 CBP 中(质量比 10%)的光致发光图

4.4 小　结

本章中用有电子传输能力的双席夫碱锌类化合物作为配体,合成了 8 个异核双金属配合物,第一系列化合物为 Eu(TTA)$_2$(TFA)(ZnS$_1$)、Eu(TTA)$_2$(TFA)(ZnS$_2$)、Eu(TTA)$_2$(TFA)(ZnS$_3$)和 Eu(TTA)$_2$(TFA)(ZnS$_4$);第二系列化合物为 Eu(TTA)$_2$(TFA)(ZnF$_1$)、Eu(TTA)$_2$(TFA)(ZnF$_2$)、Eu(TTA)$_2$(TFA)(ZnF$_3$)和 Eu(TTA)$_2$(TFA)(ZnF$_4$)。通过元素分析对它们的结构进行了确定,并且对配合物 Eu(TTA)$_2$(TFA)(ZnS$_2$)的晶体结构进行了表征。

系统研究了这 8 个化合物的光物理性质,发现这些异核双金属配合物不仅有较纯的基于 Eu^{3+}离子的红光发射,而且有较优秀的发光性能,尤其是第一系列化合物的发光量子效率都在 40% 左右。为了深入了解这类异核双金属配合物的发光性能,我们通过 Latva 经验规则和 Reinhoudt 经验规则对这些化合物的发光机制进行了研究,发现配体到铕离子能量传递效率(Φ_η)的不同是造成这种差别的主要原因,香草醛席夫碱锌中性配体三线态能级较低以及可能存在的 LMCT 跃迁有可能造成能量回传,导致发光效率降低。

最后,研究了发光量子效率最高的异核双金属配合物 Eu(TTA)$_2$(TFA)(ZnS$_2$)的电致发光性能,以此异核双金属配合物制备的三层电致发光器件亮度高达 1 982.5 cd/m^2,最大的电流效率 9.9 cd/A,相应的功率效率为 5.2 lm/W,内量子效率为 5.3%。优秀的器件性能表明由于异核双金属配合物 Eu(TTA)$_2$(TFA)(ZnS$_2$)较好的电子传输能力,改善了发光层的电子传输能力,提高了器件的性能和稳定性。

参考文献

[1] Aziz H. Degradation mechanism of small molecule-based organic light-emitting devices[J]. Science, 1999, 283: 1900-1902.

[2] Zhang F, Hou Y, Du C, et al. Synthesis, structures, photo-and electro-luminescent properties of novel oxadiazole-functionlized europium(iii) benzamide complexes[J]. Dalton Trans, 2009:7359.

[3] Sano T, Nishio Y, Hamada Y, et al. Design of conjugated molecular materials for optoelectronics[J]. J Mater Chem, 2000, 10: 157-161.

[4] Wang P, Hong Z, Xie Z, et al. A bis-salicylaldiminato schiff base and its zinc complex as new highly fluorescent red dopants for high performance organic electroluminescence devices [J]. Chem Commu, 2003, 1664-1665.

[5] Akine S, Taniguchi T, Nabeshima T. Novel synthetic approach to trinuclear 3d-4f complexes: Specific exchange of the central metal of a trinuclear zinc(ii) complex of a tetraoxime ligand with a lanthanide(iii) ion[J]. Angew Chem Int Ed, 2002, 41: 4670-4673.

[6] Wang H, Zhang D, Ni Z-H, et al. Synthesis, crystal structures, and luminescent properties of phenoxo-bridged heterometallic trinuclear propeller-and sandwich-like schiff-base complexes[J]. Inorg Chem, 2009, 48: 5946-5956.

[7] Pasatoiu T D, Tiseanu C, Madalan A M, et al. Study of the luminescent and magnetic properties of a series of heterodinuclear [zniilniii] complexes[J]. Inorg Chem, 2011, 50: 5879-5889.

[8] Wang S, Zhang J, Hou Y, et al. 4,5-diaza-9,9[prime or minute]-spirobifluorene functionalized europium complex with efficient photo-and electro-luminescent properties[J]. J Mater Chem, 2011, 21: 7559-7561.

[9] Andreiadis E S, Demadrille R, Imbert D, et al. Remarkable tuning of the coordination and photophysical properties of lanthanide ions in a series of tetrazole-based complexes[J]. Chem Eur J, 2009, 15: 9458-9476.

[10] Archer R D, Chen H, Thompson L C. Synthesis, characterization, and luminescence of europium(iii) schiff base complexes1a[J]. Inorg Chem, 1998, 37: 2089-2095.

[11] Shavaleev N M, Eliseeva S V, Scopelliti R, et al. Designing simple tridentate ligands for highly luminescent europium complexes[J]. Chem Eur J, 2009, 15: 10790-10802.

[12] Ramya A R, Reddy M L P, Cowley A H, et al. Synthesis, crystal structure, and photoluminescence of homodinuclear lanthanide 4-(dibenzylamino)benzoate complexes[J]. Inorg Chem, 2010, 49: 2407-2415.

[13] Biju S, Raj D B A, Reddy M L P, et al. Synthesis, crystal structure, and luminescent

properties of novel Eu^{3+} heterocyclic β-diketonate complexes with bidentate nitrogen donors[J]. Inorg Chem, 2006, 45: 10651-10660.

[14] Zhang F, Hou Y, Du C, et al. Synthesis, structures, photo-and electro-luminescent properties of novel oxadiazole-functionlized europium(ⅲ) benzamide complexes[J]. Dalton Trans, 2009:7359-7367.

[15] Werts M H V, Jukes R T F, Verhoeven J W. The emission spectrum and the radiative lifetime of Eu^{3+} in luminescent lanthanide complexes[J]. Phys Chem Chem Phys, 2002, 4: 1542-1548.

[16] Nie D, Chen Z, Bian Z, et al. Energy transfer pathways in the carbazole functionalized β-diketonate europium complexes[J]. New Journal of Chemistry, 2007, 31: 1639.

[17] Pettinari C, Marchetti F, Pettinari R, et al. Synthesis, structure and luminescence properties of new rare earth metal complexes with 1-phenyl-3-methyl-4-acylpyrazol-5-ones[J]. J Chem Soc, Dalton Trans, 2002, 1409.

[18] Latva M, Takalo H, Mukkala V-M, et al. Correlation between the lowest triplet state energy level of the ligand and lanthanide(ⅲ) luminescence quantum yield[J]. J Lumin, 1997, 75: 149-169.

[19] Pasatoiu T D, Madalan A M, Kumke M U, et al. Temperature switch of lmct role: From quenching to sensitization of europium emission in a znii-euiii binuclear complex[J]. Inorg Chem, 2010, 49: 2310-2315.

[20] Steemers F J, Verboom W, Reinhoudt D N, et al. New sensitizer-modified calix[4]arenes enabling near-uv excitation of complexed luminescent lanthanide ions[J]. J Am Chem Soc, 1995, 117: 9408-9414.

[21] Yang C, Fu L-M, Wang Y, et al. A highly luminescent europium complex showing visible-light-sensitized red emission: Direct observation of the singlet pathway[J]. Angew Chem Int Ed, 2004, 43: 5010-5013.

[22] Xu H, Yin K, Huang W. Highly improved electroluminescence from a series of novel euiii complexes with functional single-coordinate phosphine oxide ligands: Tuning the intramolecular energy transfer, morphology, and carrier injection ability of the complexes[J]. Chem Eur J, 2007, 13: 10281-10293.

[23] Zhu X-H, Wang L-H, Ru J, et al. An efficient electroluminescent (2,2[prime or minute]-bipyridine mono n-oxide) europium(ⅲ) [small beta]-diketonate complex[J]. J Mater Chem, 2004, 14: 2732-2734.

[24] Fang J, Ma D. Efficient red organic light-emitting devices based on a europium complex [J]. Appl Phy Lett, 2003, 83: 4041.

[25] Xin Q, Li W L, Che G B, et al. Improved electroluminescent performances of europium-complex based devices by doping into electron-ransporting/hole-blocking host[J]. Appl

Phy Lett, 2006, 89: 223524.

[26] Sun P-P, Duan J-P, Shih H-T, et al. Europium complex as a highly efficient red emitter in electroluminescent devices[J]. Appl Phy Lett, 2002, 81:792.

[27] Sun M, Xin H, Wang K-Z, et al. Bright and monochromic red light-emitting electroluminescence devices based on a new multifunctional europium ternary complex[J]. Chem Commu, 2003:702-703.

[28] Xu H, Yin K, Huang W. Comparison of the electrochemical and luminescence properties of two carbazole-based phosphine oxide euiii complexes: Effect of different bipolar ligand structures[J]. ChemPhysChem, 2008, 9: 1752-1760.

第5章 结 论

OLED 作为第三代显示终端由于其超薄、能耗小、亮度高、色彩艳丽等诸多优点引起了国内外学者和公司的广泛关注且 OLED 产品正逐渐由实验室向产业化过渡,以其为基础的显示设备不断问世。有机电致磷光器件因其高亮度和高效率成为制备 OLED 的首选,但是由于磷光材料大多为贵金属配合物,成本较高;同时由于其必须掺入主体材料来制备 OLED,而且主体材料的性能对器件的性能影响较大,因此寻找贵金属配合物的替代物以及设计功能化的主体材料是现在 OLED 的研究热点之一。本书正是从这两点出发,以设计和合成功能化的小分子主体材料和高性能廉价小分子金属化合物为目的,深入研究了一类以芴为基本骨架结构的小分子双极主体材料以及用这些双极化合物作为配体制备的廉价一价铜磷光材料的光电性能,最后研究了一类红色发光的双异核 d-f 配合物的光电性能。本书共合成出 45 个化合物,其中 40 个化合物未见报道。通过前几章的叙述,我们得出以下结论。

5.1 基于芴骨架结构的双极主体材料的光电性能研究

设计合成了 12 个基于 4,5-二氮杂芴骨架结构的有机小分子化合物,通过 ^{1}H NMR、元素分析和质谱对它们的结构进行了表征,并且用 X 射线单晶衍射仪对化合物 DIPAF、SBF、DISBF、IPASBF、DPASBF 和 DCSBF 的单晶结构进行了解析,发现这 6 个化合物都有扭曲的分子构型,并且有较大取代基团的此类化合物其分子间没有 π-π 堆积作用。我们重点研究了有空穴传输基团取代的双极传输性能的化合物 DPAPAF、NPAPAF、DCPAF、DPASBF、NPASBF 和 DCSBF 的光、电、热性质。通过对这 6 个化合物的性能研究我们发现,它们有合适的 HOMO 和 LUMO 能级,比较适合空穴和电子分布由空穴传输层和电子传输层向主体掺杂的发光层传输,而且这类化合物的高斯优化的结果表明:它们的结构都为扭曲的构型,并且其电子云分布情况显示了较好的电荷分离效果,说明电子和空穴在这些化合物上都有各自的传输通道,有较好的双极传输性能。同时这 6 个化合物都有较高的三线态能级和热稳定性。这些物理性能都为这 6 个化合物作为双极主体材料制备电致磷光器件提供了依据。

以绿色磷光材料 Ir(ppy)₃ 作为掺杂客体材料,以化合物 DPAPAF、NPA-PAF、DCPAF、DPASBF、NPASBF 和 DCSBF 作为双极主体材料制备了电致磷光器件,器件结构为 NPB(30 nm)/Ir(ppy)₃:主体材料 = 10% (30 nm) / TPBI (30 nm) /LiF/Al。这些器件都显示了 Ir(ppy)₃ 在波长为 520 nm 左右的绿色发光,器件都有较低的启亮电压,较高的亮度和效率,并且器件在高电压下效率的滑落较为缓慢,化合物 DPAPAF、DCPAF 和 DCSBF 作为主体材料的器件性能最为优秀,亮度分别达到了 8 246.2 cd/m²、1 899.1 cd/m² 和 24 123.0 cd/m²,电流效率分别为 22.62 cd/A、14.93 cd/A 和 40.83 cd/A,相应的能量效率为 8.80 lm/W、5.20 lm/W 和 21.22 lm/W。

进一步研究了它们作为发光材料应用于 OLED,以 NPAPAF、NPASBF 和 DCSBF 这 3 个化合物为发光中心制备了的不掺杂的器件。结果表明,由于分子构型的扭曲,使分子间不易发生堆积,以 NPAPAF、NPASBF 和 DCSBF 为发光材料的器件有较高的亮度和效率,电致发光光谱与光致发光光谱基本一致,同时,色坐标范围在蓝光的区域。

以上结果表明:①由于扭曲的构型,使这些主体材料都保持较高的三线态能级,很好地防止了客体材料的三线态能量的回传,提高了掺杂器件的效率,而对于蓝光器件来说,扭曲的材料构型,能够增加分子间距离,防止化合物在激发态时的淬灭效应;②因为较好的双极传输能力,使基于这些化合物的器件都有较好地载流子平衡能力;③合适的 HOMO 和 LUMO 能级,使这些化合物有较好的空穴注入和传输能力,由于 HOMO 和 LUMO 带隙比客体磷光材料更宽,使得能量转移(Förster 和 Dexter 能量转移)和载流子捕获(Carrier Trapping)两种不同的机制可能同时存在,无论哪种机制是主要的,都会提高器件的载流子平衡能力和器件的效果;④这些化合物有较高的热稳定性,可以防止器件在发光过程中由于焦耳热的产生造成的材料的降解,提高了器件的寿命和稳定性。

5.2 以芴为骨架结构的双极传输化合物 作为配体制备的一价铜磷光材料的 光电性能研究

设计合成了 25 个一价铜配合物,通过元素分析和质谱对它们的结构进行了确定。得到了 Cu(SBF)(PEP)(BF₄)、Cu(DISBF)(PP)(BF₄)、CuI(SBF)

(P)、CuBr(SBF)(P)、CuCl(SBF)(P)、[CuI(SBF)]$_2$和[Cu$_2$I$_2$(SBF)]$_2$这7个化合物的单晶,并且用X射线单晶衍射法对它们单晶结构进行了确认,结果发现这7个化合物有非常丰富的配位模式,如四配位、三配位、双核和四核等配位方式。通过对这些化合物的电化学性质的测试,我们计算出这些化合物的HOMO和LUMO能级,发现这些化合物都有较为合适的能级,适合空穴和电子的注入和传输。从对这些化合物的紫外可见光的吸收测试来看,所有化合物在长波方向都有较弱而且较宽的吸收峰,应该归属为MLCT电子跃迁的吸收,而且通过高斯软件模拟的前线轨道的电子云分布情况也证明了这一点。这些化合物的发光范围和强度受到周围环境的影响较大,在溶液中,这些化合物的发光普遍较弱,而这些化合物固体的发光则较强,其中三配位的化合物CuI(SBF)(P)的固体发光最强,这些化合物的发光效率是在PMMA中(20%)测定的,其中Cu(DPASBF)(PP)(BF$_4$)、Cu(DPAPAF)(PP)(BF$_4$)、Cu(DPAS-BF)(PEP)(BF$_4$)和CuI(SBF)(P)这4个化合物有较高的量子效率。

测试了Cu(SBF)(PP)(BF$_4$)、Cu(DPAPAF)(PP)(BF$_4$)、CuI(SBF)(P)、Cu(DPASBF)(PEP)(BF$_4$)和Cu(DISBF)(PP)(BF$_4$)等5个化合物的电致发光性能,其中基于Cu(DPAPAF)(PP)(BF$_4$)和Cu(DPASBF)(PEP)(BF$_4$)的器件有优秀的电致发光性能。以Cu(DPAPAF)(PP)(BF$_4$)为客体材料制备的器件最大亮度达到了388 cd/m^2,其最大电流效率为4.65 cd/A,相应的能量效率为1.27 lm/W。以Cu(DPASBF)(PEP)(BF$_4$)为客体材料制备的器件更为优秀,最大亮度达到了1 614.80 cd/m^2,其最大电流效率为6.11 cd/A,相应功率效率为1.37 lm/W。

综合以上实验结果,对于阳离子型的一价铜化合物来说,氮杂配体的空间构型对阳离子型的一价铜化合物的发光有较大的影响,扭曲的氮杂配体的空间构型能够在一定程度上防止一价铜化合物在激发态构型变化,防止非辐射跃迁提高发光效率,而由于修饰了空穴传输基团,所以基于Cu(DPAPAF)(PP)(BF$_4$)和Cu(DPAPAF)(PP)(BF$_4$)的器件有较好的载流子平衡,这样产生的综合效应使器件的效果更加优秀。对于三配体的中性一价铜化合物来说,由于其配位构型为一个"Y"字形,这类化合物激发态配位构型变化较小,可以很好地防止非辐射跃迁,提高发光效率,但是三配位的化合物CuI(SBF)(P)的电致发光效果并不好,这可能是由于器件设计的原因造成的。

5.3 金属有机铕配合物磷光材料的合成和光电性能研究

利用有电子传输能力的双席夫碱锌类化合物作为配体,合成了 8 个异双核化合物,第一系列化合物为 $Eu(TTA)_2(TFA)(ZnS_1)$、$Eu(TTA)_2(TFA)$ (ZnS_2)、$Eu(TTA)_2(TFA)(ZnS_3)$ 和 $Eu(TTA)_2(TFA)(ZnS_4)$;第二系列化合物为 $Eu(TTA)_2(TFA)(ZnF_1)$、$Eu(TTA)_2(TFA)(ZnF_2)$、$Eu(TTA)_2(TFA)$ (ZnF_3) 和 $Eu(TTA)_2(TFA)(ZnF_4)$。通过元素分析对它们的结构进行了确定,并且对配合物 $Eu(TTA)_2(TFA)(ZnS_2)$ 的晶体结构进行了表征。

系统研究了这 8 个化合物的光物理性质,发现这些双异核化合物不仅有较纯的基于 Eu^{3+} 离子的红光发射,而且有较优秀的发光性能,尤其是第一系列化合物的发光量子效率都在 40% 左右。为了深入了解这类双异核化合物的发光性能,通过 Latva 经验规则和 Reinhoudt 经验规则对这些化合物的发光机制进行了研究发现,配体到铕离子能量传递效率(Φ_η)的不同是造成这种差别的主要原因,香草醛席夫碱锌中性配体三线态能级较低以及可能存在的 LMCT 跃迁有可能造成能量回传,导致发光效率降低。

最后,研究了发光量子效率最高的异双核化合物 $Eu(TTA)_2(TFA)(ZnS_2)$ 的电致发光性能,以此异双核化合物制备的三层电致发光器件亮度高达 1 982.5 cd/m^2,最大的电流效率 9.9 cd/A,相应的功率效率为 5.2 lm/W,内量子效率为 5.3%。

结果表明,席夫碱锌类配体作为第二配体与 Eu^{3+} 离子螯合后不仅提高了化合物的发光效率,同时由于其优秀的电子传输能力也使双核化合物 $Eu(TTA)_2(TFA)(ZnS_2)$ 有较好的电子传输能力,而且也改善了发光层的电子传输能力,提高了器件的性能和稳定性。